Melecio Paragua Morales
Carlos Alberto Paragua Macuri
Melissa Gabriela Paragua Macuri

Yupana

Melecio Paragua Morales
Carlos Alberto Paragua Macuri
Melissa Gabriela Paragua Macuri

Yupana

Multiplicación en Z

Editorial Académica Española

Imprint
Any brand names and product names mentioned in this book are subject to trademark, brand or patent protection and are trademarks or registered trademarks of their respective holders. The use of brand names, product names, common names, trade names, product descriptions etc. even without a particular marking in this work is in no way to be construed to mean that such names may be regarded as unrestricted in respect of trademark and brand protection legislation and could thus be used by anyone.

Cover image: www.ingimage.com

Publisher:
Editorial Académica Española
is a trademark of
International Book Market Service Ltd., member of OmniScriptum Publishing Group
17 Meldrum Street, Beau Bassin 71504, Mauritius
Printed at: see last page
ISBN: 978-620-0-40530-2

Yupana

Multiplicación en Z

Melecio Paragua Morales
Carlos Alberto Paragua Macuri
Melissa Gabriela Paragua Macuri

Melecio Paragua Morales, Carlos Alberto Paragua Macuri, Melissa Gabriela Paragua Macuri

Yupana

Multiplicación en Z

Melecio Paragua Morales
Carlos Alberto Paragua Macuri
Melissa Gabriela Paragua Macuri

Primera edición: 2020

PRÓLOGO

El libro **Yupana: Multiplicación en Z** es producto de una investigación hecha para la Universidad Nacional Hermilio Valdizán de Huánuco, en el que los autores, en el paradigma positivista de investigación, proponen resolver el problema de aprendizaje sobre la multiplicación de números enteros (Z) con la aplicación de la **Yupana**, el informe final de dicha investigación fue informado en su oportunidad a la Dirección Universitaria de Investigación (DUI).

Los resultados sobre el nivel de saberes previos y los hallados durante y al finalizar la aplicación de la **Yupana** mostraron ser favorables para las unidades de análisis, ya que, con la manipulación de un material didáctico como ayuda lograron mejores niveles de aprendizaje; además, el uso del material didáctico les permitió a los estudiantes lograr mejores tiempos en la resolución de multiplicaciones en Z, de uno hasta *n* dígitos.

El libro con el título: *Yupana: Multiplicación en Z* es una muy buena adaptación de dicha investigación, cuya lectura y aplicación es recomendable para todos los profesionales vinculados con la enseñanza universitaria y la Educación Básica Regular (EBR), en la asignatura de matemática, ya que un estilo de aprendizaje aplicado con mucha pertinencia ayuda a obtener resultados positivos y resolver muchos problemas en la educación en general.

La estructura del libro *Yupana: Multiplicación en Z* está presentada de manera secuencial, los autores han mantenido el orden del informe final de la investigación mencionada, adaptándolo a la forma de un libro. En cada capítulo está incluido las partes básicas de una investigación científica, expresadas en el plano práctico que servirá como guía y de mucha ayuda a los investigadores dentro del paradigma positivista en las diferentes especialidades y otros temas.

En el libro se observa el dominio teórico-práctico de los autores sobre la investigación científica positivista y una aplicación pertinente de la ciencia estadística en los resultados de la investigación, ello les permitieron hallar los estadígrafos descriptivos e inferenciales, logrando una adecuada evaluación, análisis e interpretación de los resultados plasmados en la investigación, esto permite entender al lector de manera sencilla y entendible el uso y aplicación de la estadística aplicada a la investigación científica.

Los autores a través de los capítulos del libro *Yupana: Multiplicación en Z*, propician el constructivismo aplicado a la investigación científica y un uso adecuado de la ciencia estadística descriptiva e inferencial; es decir, el estudiante de EBR, del pregrado y postgrado de todas las especialidades, a partir de este libro, tiene una guía para poder realizar su investigación y superar la propuesta teórica-práctica presentada en el libro, por la dinámica misma del avance del conocimiento científico.

El desarrollo de la ciencia matemática aplicada presenta dificultades en el proceso de su generación a través de la investigación científica; en este sentido, el análisis y procesamiento de los datos, la didáctica de su enseñanza, son algunos de ellos; sin embargo, en el libro *Yupana: Multiplicación en Z*; los autores proponen una teoría clara y precisa con la investigación misma hecha libro, sobre un pertinente tratamiento de la estadística aplicada y la didáctica especializada.

Se sabe que la investigación científica con un correcto análisis y procesamiento de los datos es el medio adecuado para acceder al conocimiento de todas las ciencias; por lo tanto, requiere de una base teórica pertinente, además de ejemplos que permiten a los estudiantes encaminarse en la investigación científica, en este sentido se recomienda los libros: ISBN: 9786034518100, ISBN: 9783659022883, ISBN: 9786202257657, de los mismos autores.

Finalmente, en esta octava publicación de los autores, proponen una presentación teórica – práctica sobre la investigación científica con una pertinente aplicación de los estilos de aprendizaje, dirigido a temas de la asignatura de Matemáticas, donde presentan un análisis estadístico e interpretación de los datos precisos, con aplicaciones prácticas como ejemplo, que servirán de ayuda a los lectores e investigadores que la consulten.

Dra. Clorinda Macuri Rivera

PRESENTACIÓN

La matemática desde sus orígenes en el lejano oriente, luego en occidente con los babilonios y egipcios, hasta la actualidad ha evolucionado enormemente, tanto teórica, como en la aplicación práctica en la vida cotidiana, en las ciencias y la tecnología; la participación de la matemática en todos ellos, es imprescindible; además, el universo está estructurado con un lenguaje matemático, por lo tanto, explica el mundo.

Sin embargo, la mayoría de personas manifiestan experiencias poco amigables como ¿para qué sirve aprender matemática?, ¡me aburre la matemática!, "la matemática es difícil de aprender", etc., probablemente sea porque la matemática sobre el planeta, sigue desarrollándose bajo la consigna: el docente brinda la mayor cantidad de información sobre los contenidos matemáticos; por ejemplo, en occidente, durante la época de oro del desarrollo de la matemática, los grandes matemáticos como Kepler, por ejemplo, fueron propuestos como docentes en universidades famosas de la época, y los resultados no fueron halagadores, pues, nunca supieron ser docentes, a pesar que eran brillantes matemáticos.

La *Yupana: Multiplicación en Z* es un trabajo de investigación científica sistematizado en un libro de cinco capítulos, donde la conexión entre un capítulo y otro es la secuencia del informe final de mencionada investigación. Los autores, en esta publicación, describen minuciosamente la comprensión del concepto y definición de la multiplicación de números enteros con la aplicación de sus propiedades relevantes, primero de manera teórica y luego con la ayuda de la *Yupana*.

Aprender matemática de manera teórica, implica memorizar todas las propiedades, teoremas, axiomas y leyes de los signos, vinculados con cada tema; entonces, aprender matemática bajo estas condiciones es para pocos, en este sentido los estudiantes de la Carrera Profesional de Matemática y Física tienen un reto de proporciones que superar, además de la parte didáctica; es por esta razón que los autores proponen la *Yupana*, como ayuda didáctica para el aprendizaje de la *Multiplicación en Z*, ya que, el aprendizaje es mejor si el estudiante lo capta usando el mayor número de sus sentidos.

Por otra parte, el libro: *Yupana: Multiplicación en Z* es una guía de gran valía para el lector porque, primero, en sus páginas, se describe detallada y cuidadosamente las partes importantes y críticas del informe final a partir de una investigación; y, segundo, la organización y proceso de datos, así como la interpretación estadística es precisa y de fácil entendimiento.

Sin duda, los autores de este trabajo, siendo ellos de diferentes carreras profesionales y trabajando en diferentes partes del mundo, se unieron para contribuir tanto en la didáctica de la matemática, aprendizaje de la matemática, la investigación y la estadística aplicada como herramienta de la investigación.

Dr. Arnulfo Ortega Mallqui

Melecio Paragua Morales, Carlos Alberto Paragua Macuri, Melissa Gabriela Paragua
Macuri

Índice
de contenidos

CASO 1:

Corresponde al Proyecto de Tesis presentado por el Dr. Melecio
Paragua Morales a la Dirección Universitaria de Investigación de
la UNHEVAL – 2017, titulada: *Sumas y restas y el desarrollo del
cálculo mental en estudiantes de la carrera profesional de
Matemática y Física – UNHEVAL.*

Capítulo **1**

EL PROBLEMA DE INVESTIGACIÓN

- Descripción del problema
- Formulación del problema
- Objetivos
- Hipótesis
- Variables
- Justificación e importancia
- Viabilidad
- Delimitación

Capítulo 1

1. EL PROBLEMA DE INVESTIGACIÓN

1.1. DESCRIPCIÓN DEL PROBLEMA

El proceso de aprendizaje - enseñanza de la matemática como área de conocimiento en todos los niveles es muy complejo, donde se producen fobias y rechazos que dificultan su normal desarrollo; sin embargo, el área de matemática cuenta con herramientas tanto metodológicas como didácticas que permiten, que el proceso de educativo sea más llevadero y en algunos casos, más fáciles, para ello es necesario que los docentes tengan, primero: un amplio dominio del área; segundo, que dominen las estrategias y metodologías didácticas adecuadas para cada temática, sólo así, se garantiza un proceso de aprendizaje - enseñanza de calidad.

Si los docentes quieren salir de la rutina del conductismo, deben utilizar los materiales didácticos para su propia referencia, para reunir datos, cifras e información con el fin de mejorar el proceso de aprendizaje - enseñanza; además pueden usar ilustraciones convertidos en diapositivas dinámicas que sirvan de medio visual y atraer la concentración del estudiante. En ese sentido, los docentes deben guiar e incentivar a la producción de materiales didácticos de bajo costo y alto rendimiento, con la finalidad de mejorar el nivel de aprendizaje de los estudiantes (Wakeford, 1976).

La habilidad de dominar los cálculos matemáticos, basado en el manejo teórico de los axiomas, teoremas y propiedades básicos, es la clave del éxito en la solución de problemas matemáticos más avanzados, los mismos que posteriormente llevan a los estudiantes a un mejor entendimiento de la aplicación práctica (González & Niss, 2004).

La memorización fue alguna vez usada con frecuencia como estrategia de instrucción en el aprendizaje de las tablas de multiplicar, con la recitación los estudiantes memorizaban y lograban un aprendizaje mecánico de la tabla de multiplicar desde el uno al doce, esta forma de enseñanza era difundido en todas las asignaturas (Barrera, 2013).

En la actualidad la multiplicación es una práctica permanente en casi todos los escenarios y situaciones de la vida real; sin embargo, en el sistema educativo peruano, en el proceso aprendizaje-enseñanza de la matemática se sigue practicando el aprendizaje mecánico, hasta el término *"enseñanza − aprendizaje"* se ha quedado hasta hoy en el conductismo, y lo que se logra así son estudiantes pasivos, receptivos y memoristas, sin alternativas para la innovación en el aprendizaje.

Sigue habiendo docentes en todos los niveles, que piensan que para todo tema es suficiente la pizarra y la palabra; hoy, en las universidades con la inclusión de las tecnologías, como el cañón multimedia y otros, no ha cambiado; lo que tenían que escribir en la pizarra ahora lo hacen en las diapositivas. Todo ello es necesario complementarlo con materiales didácticos que el estudiante pueda manipular solo así se puede lograr mejores niveles de aprendizaje en los estudiantes; en este sentido, se debe priorizar los materiales educativos reales, a los gráficos y símbolos; tampoco solo para verlos de lejos, sino para elaborarlos, usarlos, conservarlos y manipularlos, de modo que el estudiante aprenda los temas haciendo y manipulando (Calero, 2000)

Educar no sólo es enseñar al estudiante los conceptos o definiciones temáticas, sino que implica desarrollar en ellos independencia valorativa, que sean solidarios, autónomos e investigadores por su propia iniciativa. Hacer todo esto de manera voluntaria, sin obligación ni presión por parte de los demás y a su vez hacer que les agrade la metodología que emplea el docente para que ellos aprendan y así lo pongan en práctica en su vida diaria.

Es una realidad que exista en las aulas, estudiantes con diferentes niveles de aprendizaje, esto es una de las razones por la cual el docente no logra atender de manera pronta aquellos casos en que se presentan dificultades de aprendizaje en el área de Matemática, más aún, no se toma en cuenta la misma situación de trabajar con niveles diversos de aprendizaje, también se abren un abanico enorme de posibilidades para mejorar, precisamente el desarrollo de las capacidades de razonamiento matemático.

Tabla N° 01: Resultados del examen de evaluación PISA 2013 en matemática

PAÍS	POSICIÓN	PUNTAJE
Shanghái - China	1	613
Corea del sur	5	554
Chila	52	423
Brasil	59	391
Argentina	60	388
Colombia	63	376
Perú	66	368

Fuente: evaluación internacional de estudiantes (PISA).
Diseño: Investigadores

Los datos muestran los resultados de la prueba PISA, (Programa para la Evaluación Internacional de Estudiantes) organizado por la OCDE (Organización para la Cooperación y el Desarrollo Económico), a nivel mundial en donde la ubicación del Perú no es favorable; pues, ocupa el último lugar entre los 66 países que participaron en la evaluación del año 2013; en dicho orden de méritos, el primer lugar fue ocupado por Shanghái-China; en el quinto lugar, se encontraba Corea del Sur. Para el estudio se tomó los resultados de la prueba tomada del año 2013, en la que participaron estudiantes de 240 colegios públicos y privados, respondiendo un total de 50 preguntas con las que no sólo se midió cuánto comprenden, sino, qué son capaces de hacer con lo que aprendieron; en dicho evento, el Perú alcanzó 368 puntos y con ello ocupó la posición 66 de igual número de países participantes.

El aprendizaje de las matemáticas es esencial para el estudiante actual de cualquier parte del planeta, sin negar la participación de las demás materias que dan forma al sujeto en la parte humana a aquellos con habilidades diferentes en matemática, en este sentido, si no realizan una tarea matemática, con seguridad, responsabilidad y gusto, no logran los niveles adecuados de aprendizaje en esta asignatura y ello repercute en la elección de una carrera profesional que les permita mejores posibilidades de desarrollo personal – familiar y de país (Poblete, 2015).

El aprendizaje, además de las condiciones innatas del estudiante, está vinculado con el porcentaje óptimo de prerrequisitos y herramientas tenga para lograrlo, muchas veces con la aplicación de medios didácticos, por ejemplo; esto hizo que en el estudio se proponga la aplicación de la Yupana para un aprendizaje entretenido de la multiplicación con los números enteros, debido a la versatilidad en su manejo, es un material didáctico de fácil elaboración y manipulación, y permite altos niveles de aprendizaje en los estudiantes.

1.2. FORMULACIÓN DEL PROBLEMA

1.2.1. PROBLEMA GENERAL
¿En qué medida la aplicación de la Yupana mejora el aprendizaje de la multiplicación de números enteros en los estudiantes de la Carrera Profesional de Matemática y Física de la UNHEVAL 2019?

1.2.2. PROBLEMAS ESPECÍFICOS

- ¿Cuál es el nivel de saberes previos sobre la multiplicación de números enteros en los estudiantes de la Carrera Profesional de Matemática y Física de la UNHEVAL 2019?

- ¿Cuál es el nivel de aprendizaje de la multiplicación de números enteros durante la aplicación de la Yupana en los estudiantes de la Carrera Profesional de Matemática y Física de la UNHEVAL 2019?

- ¿Cuál es el nivel de aprendizaje de la multiplicación de números enteros al finalizar la aplicación de la Yupana en los estudiantes de la Carrera Profesional de Matemática y Física de la UNHEVAL 2019?

- ¿Cuál es el nivel de aprendizaje de la multiplicación de números enteros antes y después de la aplicación de la Yupana en los estudiantes de la Carrera Profesional de Matemática y Física de la UNHEVAL 2019?

- ¿Cuál es el nivel de aprendizaje de la multiplicación de números enteros con y sin la aplicación de la Yupana en los estudiantes de la Carrera Profesional de Matemática y Física de la UNHEVAL 2019?

1.3. OBJETIVOS

1.3.1. OBJETIVO GENERAL

Probar que la aplicación de la Yupana mejora el aprendizaje de la multiplicación de números enteros en los estudiantes de la Carrera Profesional de Matemática y Física de la UNHEVAL 2019.

1.3.2. OBJETIVOS ESPECÍFICOS

- Determinar el nivel de saberes previos sobre la multiplicación de números enteros en los estudiantes de la Carrera Profesional de Matemática y Física de la UNHEVAL 2019.

- Determinar el nivel de aprendizaje de la multiplicación de números enteros durante la aplicación de la Yupana en los estudiantes de la Carrera Profesional de Matemática y Física de la UNHEVAL 2019.

- Determinar el nivel de aprendizaje de la multiplicación de números enteros al finalizar la aplicación de la Yupana en los estudiantes de la Carrera Profesional de Matemática y Física de la UNHEVAL 2019.

- Comparar y analizar el nivel de aprendizaje de la multiplicación de números enteros antes y después de la aplicación de la Yupana en los estudiantes de la Carrera Profesional de Matemática y Física de la UNHEVAL 2019.

- Comparar, analizar y evaluar el nivel de aprendizaje de la multiplicación de números enteros con y sin la aplicación de la Yupana en los estudiantes de la Carrera Profesional de Matemática y Física de la UNHEVAL 2019.

1.4. HIPÓTESIS

1.4.1. HIPÓTESIS GENERAL

Ha: La aplicación de la Yupana mejora el aprendizaje de la multiplicación de números enteros en los estudiantes de la Carrera Profesional de Matemática y Física de la UNHEVAL 2019.

Ho: La aplicación de la Yupana no mejora el aprendizaje de la multiplicación de números enteros en los estudiantes de la Carrera Profesional de Matemática y Física de la UNHEVAL 2019.

1.5. VARIABLES

1.5.1. VARIABLE INDEPENDIENTE

Yupana.

1.5.2. VARIABLE DEPENDIENTE

Multiplicación de números enteros

1.6. JUSTIFICACIÓN E IMPORTANCIA

En la realidad educativa actual existen problemas que preocupa a los docentes de cualquier nivel educativo y a nivel mundial, uno de ellos es el aprendizaje de la matemática de forma rápida y sin que los estudiantes se aburran o les parezca difícil aprenderla; sin embargo, frecuentemente se preguntan cómo generar aprendizajes en los estudiantes resolviendo ejercicios y problemas matemáticos de manera fácil, clara y precisa, esto corresponde a la parte teórica; es por ello que, si se quiere que los estudiantes logren el interés por las matemáticas se debe teorizarla, sí; pero, con una alta dosis de aplicación práctica con ejercicios y problemas contextualizados; es decir, el estudiante conoce el objeto en estudio, por lo tanto, entenderá su aplicación en la realidad y para ello el docente debe aplicar en clases diversas estrategias metodológicas con ayuda de medios o materiales didácticos.

Es por ello que, en el estudio se propuso el uso de la Yupana para facilitar el aprendizaje de la multiplicación de los números enteros a través del cual los estudiantes desarrollarían su pensamiento lógico y razonarían de forma más rápida; sin embargo, muchas veces esto no sucede, a pesar de que se reconoce la necesidad de aprender matemática, porque la esencia de aprenderla está vinculada con todos los aspectos de la vida real, como: tomar las medidas de un gran salón para la decoración, o entender la factura del gas, analizar una hipoteca, también, proponer los elementos del desarrollo social.

El progreso humano está basado en el desarrollo de la matemática, los científicos en la cúspide y los estudiantes en la base viven rodeado de números, porque la matemática explica la realidad donde uno interactúa y es imprescindible en la vida y desarrollo humano.

Es por ello que el estudio se hace importante, ya que la Yupana es un material didáctico que los estudiantes pueden elaborarlo bajo la asesoría del docente y aplicando como juegos matemáticos pueden aprender de manera más divertida la multiplicación de números enteros.

También es importante, porque permite dar mayor relevancia al uso de materiales didácticos que son importantes para las sesiones de aprendizaje de los estudiantes, y esto sirve como un antecedente a las futuras investigaciones sobre el aprendizaje de la matemática, respondiendo a la necesidad real de la educación y de la sociedad, cuyos ideales son la formación científica y matemática del estudiante.

Los retos como: quedar en los últimos lugares en la evaluación PISA, bajo nivel de rendimiento en las evaluaciones censales nacionales, un país vendedor de materias primas sin un valor agregado, entre otros, motiva a los docentes el deseo de contribuir proponiendo alternativas a los retos enumerados y entiende que la finalidad es formar estudiantes con alto dominio matemático con espíritu innovador y muy humanos.

1.7. VIABILIDAD

El estudio es viable, porque se cuenta con acceso a la muestra que son los estudiantes de la Carrera Profesional de Matemática y Física; además, hay voluntad de hacer la investigación y la UNHEVAL incentiva económicamente por la realización del estudio.

1.8. DELIMITACIÓN

La investigación se realizó con los estudiantes de la Carrera Profesional de Matemática y Física de la Facultad de Ciencias de la Educación de la Universidad Nacional Hermilio Valdizán durante el año académico 2019.

La ciudad universitaria está ubicada en Pillco Marca, con frente a la Avenida Universitaria N° 601 y 607, en la Región Huánuco.

Para el estudio se identificó a la variable independiente y a la variable dependiente, en consecuencia no se tuvo que controlar ningún tipo de variable interviniente ni moderadora; tampoco se tuvo dificultad para determinar la muestra, pues los investigadores tienen dominio en el manejo de los criterios de muestreo; asimismo, se elaboraron los instrumentos de recolección de datos y se procedió a su respectiva validación por el criterio de menor variabilidad; y finalmente, la respectiva prueba de hipótesis indicaba, que se tenía indicios suficientes que confirmaban que la aplicación del método gráfico generaba mejores niveles de aprendizaje en la determinación del dominio y rango de las funciones, en las unidades de análisis.

Capítulo **2**

MARCO TEÓRICO

- Antecedentes
- Bases teóricas
- Definición conceptual de términos

______________ **Capítulo** (**2**)

2. MARCO TEÓRICO

2.1. ANTECEDENTES

- Medrano, J. E. (2016), desarrolló la tesis: Método de resolución de problemas y formación de competencias en el área de matemática, en los estudiantes del cuarto grado de educación secundaria de la Institución Educativa Industrial Hermilio Valdizán, Huánuco 2016; de tipo explicativa, diseño cuasi experimental, y, llega a la siguiente conclusión: la aplicación del método de resolución de problemas influye positivamente en el desarrollo de competencias en el área de matemática en los estudiantes del cuarto grado de secundaria de la Institución Educativa Industrial Hermilio Valdizán de Huánuco, 2016.

- Polo, S. L. & Sebastián, D. R. (2016), desarrollan la tesis: Influencia del programa comprensión matemática basado en el método Polya para mejorar la resolución de problemas en las cuatro operaciones básicas en los alumnos de cuarto grado de la I. E. N° 80006 Nuevo Perú Urbanización Palermo, Trujillo 2015; tipo de investigación aplicada, diseño cuasi experimental, con grupo experimental y grupo de control, evaluado con pre test y post test, y llegaron a la siguiente conclusión: La aplicación del programa Comprensión Matemática, basado en el Método Polya logró mejorar significativamente en la resolución de problemas en las cuatro operaciones básicas en los alumnos del 4° grado de la I. E. N° 80006 Nuevo Perú, Urbanización Palermo, Trujillo.

- Estrada, E. M. & Zavaleta, L. C. (2012), desarrollan la tesis: Programa de matemática recreativa "Matemática kids" para desarrollar la noción de numeral en los niños de 5 años de la I. E. N° 1678 Josefina Pinillos de Larco de la ciudad de Trujillo en el año 2012; de tipo aplicada, diseño cuasi experimental, se hizo con una muestra de 15 alumnos de 5 años, y llegan a la siguiente conclusión: La ejecución de las actividades del programa de matemática recreativa, realizadas al grupo experimental logran desarrollar significativamente la noción de numeral en los niños en relación a los niños del grupo de control, haciendo una diferencia entre ambos de 6,49 puntos en promedio, dicho resultado estadístico confirman que el programa de matemática recreativa "Matemática kids" permitió desarrollar significativamente la noción de numeral en los niños de 5 años en la I. E. N°1678 Josefina Pinillos de Larco.

- Vásquez, M. M. (2010), desarrolla la tesis: Efecto del programa "Matemática para todos" en el logro de aprendizajes en matemática de alumnos de Primaria – Ventanilla; de tipo explicativa, diseño pre-experimental, y llegó a la siguiente conclusión: Existen diferencias significativas en el incremento del logro de aprendizajes de las capacidades matemáticas: aplicación de algoritmos, razonamiento y demostración, resolución de problemas y comunicación matemática luego de la aplicación del programa "Matemática para todos" en los alumnos del segundo grado de Educación Primaria de la Institución Educativa Fe y Alegría Nro. 43 del distrito de Ventanilla.

- Luna, V. M. & Matos, A. A. (2016), desarrollan la tesis: Nivel de dominio de la competencia matemática en estudiantes universitarios de la Carrera de Educación Secundaria de la Universidad Nacional de Trujillo; de tipo descriptivo, diseño no experimental, y llegaron a la siguiente conclusión: El 33,33% de los estudiantes del género femenino se encuentran en el Nivel 1 y el 35,35% de los estudiantes del género masculino, en el Nivel 1, de acuerdo con los resultados en la prueba piloto aplicada a los estudiantes de la especialidad de Ciencias Matemáticas de la Facultad de Educación y Ciencias de la Comunicación, con respecto al dominio de la dimensión de contenido de la Competencia Matemática.

- Fernández, C. R. & Jara, Z. D. (2014), desarrollan la tesis: Influencia del pensamiento divergente basado en juegos recreativos, mejora el aprendizaje del área de matemática en los educandos del tercer grado de educación primaria de la Institución Educativa Pedro Mercedes Ureña de la ciudad de Trujillo, en el año 2011; de tipo explicativa, diseño pre experimental, trabajó con una muestra de 23 alumnos, y llegaron a la conclusión siguiente: La aplicación de los juegos recreativos basados en el pensamiento divergente han influido significativamente en el mejoramiento del aprendizaje del área de matemática en los educandos de la I. E. Pedro Mercedes Ureña de la ciudad de Trujillo. Con lo que se confirma la aceptación de la hipótesis alterna y el rechazo de la hipótesis nula

- Quispe, M. A. (2017), desarrolla la tesis: Actitudes hacia el aprendizaje de la matemática, habilidades lógico matemáticas y los intereses para su enseñanza, en estudiantes de una Universidad Particular de Lima, 2017; tipo correlacional, diseño no experimental, y llega a la siguiente conclusión: De acuerdo al Rho de Spearman, la Actitud cognitiva tiene relación significativa con los intereses para la enseñanza de la matemática en los estudiantes de la Universidad Particular de Lima, como muestra la relación encontrada (Rho de Spearman = 0,678) que es directa de nivel medio superior.

- Dueñas, L. A. M. y otros (2017), desarrollan la tesis: El puzle hexagonal y el aprendizaje de las expresiones algebraicas en los alumnos del Colegio Nacional de Aplicación UNHEVAL – 2016; la indicada investigación es tipo explicativo y diseño cuasi experimental; ellos llegaron a la siguiente conclusión: El nivel de aprendizaje de las expresiones algebraicas con la aplicación del Puzle Hexagonal en los alumnos del 2° grado de educación secundaria del Colegio Nacional de Aplicación de la UNHEVAL, es mejor en el Grupo Experimental, respecto al Grupo de Control con una diferencia de 2,6 puntos en promedio.

- Malpartida, J. J. y otros (2017), desarrollan la tesis: La yupana y el aprendizaje de la multiplicación de números enteros en los alumnos del primer grado de educación secundaria de la I. E. Illathupa – Huánuco – 2016; el estudio es de tipo explicativa, diseño cuasi experimental, y llegaron a la siguiente conclusión: El nivel de aprendizaje de la multiplicación en Z, es mejor con la aplicación de la Yupana en los alumnos del primer grado de educación secundaria de la Institución Educativa Illathupa, porque el grupo experimental, obtienen una Media = 13,75 comparativamente al grupo de control, que no recibieron la aplicación de la Yupana, Media = 8,00.

- Aquino, W. K. y otros (2017), desarrollan la tesis: El geoplano y el aprendizaje de regiones poligonales en los alumnos del cuarto año de la Institución Educativa Cesar Vallejo – 2016; de tipo explicativa, diseño cuasi experimental, y llegan a la siguiente conclusión: El nivel de aprendizaje de regiones poligonales en los alumnos del 4° "C" de educación secundaria de la Institución Educativa Cesar Vallejo sobre regiones poligonales, con la aplicación del geoplano en el Grupo Experimental es mejor respecto al Grupo de Control con una diferencia de dos puntos en promedio.

- Santillán, S. y otros (2017), desarrollan la tesis: software GeoGebra y el aprendizaje de la gráfica de funciones algebraicas en los alumnos del cuarto grado de educación secundaria del Colegio Nacional de Aplicación de la UNHEVAL; el estudio es de tipo explicativa, diseño cuasi experimental, y llegan a la siguiente conclusión: El nivel de aprendizaje de la gráfica de funciones es mejor con la aplicación de GeoGebra, porque el grupo experimental obtiene al final una Media = 14,23 en comparación al Grupo de Control que no recibió la aplicación de la variable independiente (Media = 9,25). La diferencia en el nivel de aprendizaje que se produjo es de 4,98 puntos en promedio.

- Paragua, M. y otros (2015), en la investigación: El criterio de la primera y segunda derivada y el aprendizaje de la gráfica de funciones en estudiantes de la Carrera Profesional de Matemática y Física de la UNHEVAL – 2015, se propusieron mejorar el nivel de aprendizaje de la gráfica de funciones aplicando el criterio de la primera y segunda derivada, para la cual desarrollaron una investigación de tipo Explicativa y diseño cuasi experimental, con un grupo experimental y otro de control, con los estudiantes de la Carrera Profesional de Matemática y Física de la UNHEVAL. Con la finalidad de mejorar el nivel de la investigación ensayaron una prueba de hipótesis para la diferencia de dos medias, donde el valor Z de Prueba = 7,09 se ubica a la derecha de z crítica = 1,96, que es la zona de rechazo, por lo tanto, rechazaron la hipótesis nula y aceptaron la hipótesis alternativa; encontraron indicios suficientes que probaba que el uso del criterio de la primera y segunda derivada, como método, mejora el nivel de aprendizaje de la gráfica de funciones en los estudiantes de la Carrera Profesional de Matemática y Física de la UNHEVAL - 2015.

- Paragua, M. y otros (2014), en la investigación: El método gráfico y el aprendizaje del dominio y rango de funciones en alumnos de la Carrera Profesional de Matemática y Física de la UNHEVAL-2014, se propusieron mejorar el nivel de aprendizaje del dominio y rango de funciones aplicando el método gráfico, para la cual desarrollaron una investigación de tipo Explicativa y diseño cuasi experimental, con un grupo experimental y otro de control, con estudiantes de la Carrera profesional de Matemática y Física de la UNHEVAL. Con la finalidad de contrastar el objetivo general de la investigación ensayaron una prueba de hipótesis de la deferencia de dos medias, donde el valor Z de Prueba = 7,47 se ubicó a la derecha de z crítica = 1,96, que es la zona de rechazo, por lo tanto, rechazaron la hipótesis nula y aceptaron la hipótesis alterna; con ello probaron que el uso del método gráfico mejora el nivel de aprendizaje del dominio y rango de funciones en los estudiantes de la Carrera Profesional Matemática y Física de la UNHEVAL 2014.

- Paragua, M. y Torres, N. (2013), en la investigación: Estandarización de nomenclaturas y sumillas y el aprendizaje de la estadística aplicada en la Carrera de Postgrado, UNHEVAL – 2013, se propusieron mejorar el nivel de aprendizaje de la estadística aplicada a través de la estandarización de nomenclaturas y sumillas, para la cual desarrollaron una investigación de tipo Explicativa y diseño cuasi experimental, con un grupo experimental y otro de control, con estudiantes de la Carrera de Postgrado de la UNHEVAL. Con la finalidad de mejorar el nivel de la investigación ensayaron una prueba de hipótesis de la deferencia de dos medias, donde el valor Z de Prueba = 3,72 se ubicó a la derecha de z crítica = 1,96, que es la zona de rechazo, por lo tanto, rechazaron la hipótesis nula y aceptaron la hipótesis alternativa; es decir, tuvieron indicios suficientes que probaban que la estandarización de nomenclaturas y sumillas mejoraban el nivel de aprendizaje de la Estadística aplicada en la Carrera de Postgrado de la UNHEVAL – 2013.

- Rodríguez, J. (2008) desarrolla la tesis: Influencia de la aplicación del plan de acción jugando con la matemática; en ella planifica la aplicación de un estilo de aprendizaje de manera constructiva para lograr el desarrollo de capacidades en el área de matemática con los estudiantes del cuarto grado de educación secundaria de la institución educativa PNP "Basilio Ramírez Peña; llegó a la siguiente conclusión: Que el plan de acción jugando con la matemática, el nivel de desarrollo de las capacidades matemáticas, demostrado mediante la prueba estadística "t" de Student a un nivel de significancia de 5% y un valor crítico calculado de 2.684.

2.2. BASES TEÓRICAS

2.2.1. EL APRENDIZAJE AUTÓNOMO

Ser autónomo significa gobernarse así mismo, determinar sus propias metas, aceptar la responsabilidad de las acciones y sentimientos propios, liberarse de los estereotipos que han sido transmitidos para superar el miedo a ser libres y tener la capacidad de tomar decisiones sobre tu desarrollo personal y alcanzar tus propias metas.

En el proceso aprendizaje-enseñanza se requiere que los estudiantes asuman responsabilidades acerca de su propio aprendizaje, planteando iniciativas en algunas propuestas de tareas (Fermoso, 1976).

Se debe entender que el aprendizaje no depende del ambiente, o del entorno, tampoco del docente u otros actores externos; sino, única y exclusivamente del estudiante; en este sentido, los actores externos ayudan a lograr te encamines o encauses como estudiante responsable.

De otro lado, el aprendizaje con autonomía e independencia da las posibilidades de una educación sin la presencia física del docente, y hoy en tiempos del coronavirus el uso de plataformas virtuales debe generalizarse en todos los niveles educativos; en este caso de manera virtual el docente debe asesorar, brindar tutoría, proponer guías de trabajo, aclarar dudas, evacuar consultas, implementar tareas y otros. Los actores educativos deben comprometerse a un desarrollo correcto y ético de la educación a distancia.

Lo que se busca en las aulas, es que los estudiantes asuman su rol; primero, se comprometan con el aprendizaje de las asignaturas que llevan, sobre todo matemáticas, y, segundo, que ese aprendizaje se produzca porque ellos lo quieren así y no por la presión de los docentes de aula o por la obligación que tienen frente a sus padres; esta última característica corresponde al aprendizaje autónomo, finalmente, es el estudiante el que decide qué tipo de profesional quiere ser, cuánto quiere aprender, cómo debe de aprender; es decir, toma sus decisiones sobre su desarrollo personal.

2.2.2. EL CAMPO DE ESTUDIO DE LA MATEMÁTICA

Popularmente la matemática, se plantea más como un campo de aprendizaje, técnico y propio de una minoría, es un enfoque que los investigadores no asumen, porque, el desarrollo de la matemática primero se dio en el campo puramente teórico y muchas leyes para pasar a ser útil en el campo práctico han pasado un largo periodo de espera para su comprobación práctica; sin embargo, poco a poco se va entendiendo que la matemática no es teórico-abstracto, sino que explica el mundo que nos rodea y gracias a ella se da el avance de la ciencia y la tecnología.

Ahora, al entender la importancia de la matemática, se habla de ella desde una perspectiva pedagógica y educativa como la ciencia que estudia:

- Las propiedades de los elementos.
- Las estructuras del sistema de numeración.
- Las reglas lógicas que explican las relaciones que se establecen entre los elementos.

Esto precisa una actitud positiva hacia el campo de las matemáticas a fin de que se constituya y se asuma como una ciencia muy útil y positivo para resolver las situaciones con lo que posibilitan mayor dominio y entendimiento de la realidad desde el punto de vista cognitivo, práctico y afectivo (Gamboa, 2014).

Por ello, el primer objetivo del proceso aprendizaje-enseñanza de la matemática, es desarrollar la capacidad de pensar ya que, para resolver cualquier situación, implica para el estudiante una gran participación mental en todos los ámbitos: desde los contenidos psicomotrices (espacio-temporales) hasta lo que implica un razonamiento lógico-abstracto (interrelación de datos) comprendiendo que es lo que se hace y pretende en el campo real.

2.2.3. ORIGEN HISTÓRICO DE LA YUPANA

El humano desde sus orígenes, una vez que dejaron de trasladarse de un lugar a otro como cazadores y recolectores, se asentaron en un solo lugar como agricultores y ganaderos; este hecho, les creó la necesidad de contar de alguna manera sobre el número de animales que tenían, la cantidad de producción obtenida, y así se desarrollaron sociedades sobre el planeta con diferentes niveles de desarrollo, y hoy se puede intuir que el desarrollo que alcanzaron estaba en función al nivel de conocimientos que tenía dicha cultura, y en cada una de ellas, se destacaba la matemática como el elemento desarrollador principal.

En el continente americano actual, se desarrollaron: Aztecas, Mayas e Incas, con algún vínculo probable, pero, cada uno desarrollaron lo suyo en las diferentes ciencias. En este sentido, los Incas destacaron en la Hidráulica, que no tienen parangón hasta la actualidad, en la ingeniería de la construcción trapezoidal, en la agricultura vía manejo de suelos agrícolas, astronomía, vivir en armonía con la naturaleza, la ingeniería del trazado y construcción de caminos, entre otros; es lógico pensar que tenían un alto dominio de la matemática y materias conexas.

Como una herramienta contable destaca el Quipu, y en un rango menor la Yupana, al respecto hay una crónica publicado en 1949 escrito por Guamán Poma de Ayala en (1590): lib. VI, Cap. VIII (en la cita está así: (1949 [1590]: lib. VI, cap. VIII) de Inca Garcilaso de la Vega, citado por (Radicati, 1950).

En la poca información que se tiene se encuentra que los contadores, delante del curaca y del gobernador Inca, hacen las cuentas con piedrezuelas y las sacaban tan ajustadas y verdaderas que no sé a quién se pueda atribuir mayor alabanza, si a los contadores, que sin cifras de guarismos hacían sus cuentas y particiones tan ajustadas de cosas tan menudas, que nuestros aritméticos suelen hacer con mucha dificultad, o al gobernador y ministros regios, que con tanta facilidad entendían la cuenta y razón que de todas ellas les daban (Micelli & Crespo, 2012)

Diferentes investigadores sostienen que los Incas, estaban tan desarrollados para su época como los Mayas o hindúes, pues, tenían un sistema de numeración basado en el valor de posición de los signos, los mismos que estaban representados mediante nudos, en lugar de ser gráficos, sobre una cuerda que los Incas los llamaban Quipus. Esto también explica el desarrollo científico-tecnológico que tenían y estaba en función al desarrollo matemático que poseían.

Radicati (1950) manifiesta que: "La numeración incaica, por ser decimal, se identifica, más que la de los mayas, con la numeración de la India y presenta, consecuentemente, gran parecido con el sistema que practicamos en la actualidad mediante el empleo de los denominados números arábigos".

Esto es una ventaja enorme para las culturas antiguas que manejaban el sistema decimal en su numeración; comentando desde la actualidad, se puede afirmar que con los Quipus se podían realizar perfectamente las operaciones de cómputo, sin tener que recurrir al empleo del ábaco, como tuvieron que hacerlo aquellos pueblos que desconocían el valor posicional de las cifras.

Por ejemplo, los incas para sumar las cantidades de 352; 223; 324, procedían de la siguiente manera, anudaban estos tres números en tres cuerdas iguales, dispuestas una a continuación de otra, luego sumaban los nudos horizontalmente, de izquierda a derecha, y empezando siempre por aquellos nudos situados en la parte inferior de las cuerdas, que representaban las unidades, consignando el total en otra cuerda que estaba a continuación de la del último sumando.

Tabla N° 02: resultado de la suma de (352+223+324), con el quipu

CUERDAS SUMANDO			CUERDA DE SUMA TOTAL
PRIMERA CUERDA	SEGUNDA CUERDA	TERCERA CUERDA	CUARTA CUERDA
3 nudos	2 nudos	3 nudos	8 nudos
5 nudos	2 nudos	2 nudos	9 nudos
2 nudos	3 nudos	4 nudos	9 nudos

Diseño: Los investigadores

Para los incas la palabra quipuni, significaba anudar, y estas dos estaban vinculadas con los quipus, que significaba contar por nudos e inclusive para hacer operaciones matemáticas.

En este sentido, sumar y restar con un quipu es casi tan fácil como hacerlo con caracteres arábigos sobre un pedazo de papel, solo hay que mecanizarse (Radicati, 1950).

Al proceso de contar los incas lo denominaron yupani, y a lo que se ha de contar, lo llamaron Yupana; a partir de aquí se pierde la información; sin embargo, deja un enorme espacio para que los científicos aplicando las deducciones lógicas puedan proponer usos variados de la Yupana, cuya existencia es real.

El padre Acosta, (1949 [1590]: lib. VI, cap. VIII), citado por Radicati (1950), dice: "Si muchas son las referencias a este método de contar, pocos son, en cambio, los datos que se tienen del procedimiento adoptado para calcular: el mismo padre Acosta se limita a informar que para ello "los indios toman sus granos y ponen uno aquí, tres acullá, ocho no sé dónde; luego pasan un grano de aquí, truecan tres de allá, y así salen con su cuenta".

Esta forma de operar no fue documentada de modo escrito por alguien que haya tenido dominio matemático, es por ello que no lo entendió la parte operativa, de lo contrario, otra habría sido el resultado final de esta investigación.

Sobre el instrumento empleado para el cálculo, los investigadores, solo cuentan con dos fuentes para formarse una idea de su estructura; es por ello que en la investigación se presenta una propuesta de Yupana, cuya estructura es una interpretación de la información leída en las diferentes fuentes de información que se están citando adecuadamente.

Respecto a las fuentes de información, Radicati (1950), dice: "La primera fuente, es la Crónica de Guamán Poma (1936 [1613]: 360), que lo presenta como una especie de tablero con escaques; y la segunda es la Historia del Reino de Quito, escrita por el padre Juan Velasco, …, que sostiene tratarse de "ciertos archivos o depósitos hechos de madera, de piedra o de barro, con diversas separaciones, en las cuales se colocaban piedrecillas de distintos tamaños, colores y figuras angulares" (1841 – 44: 7)".

Hay una representación del tablero con escaques, la que se encuentra en una vasija del Museo de Arqueología de Lima, descrita por L. y Th. Engl (1967: 200, lam. 15), citado por Radicati (1950), y es como sigue: "La escena de este cántaro consiste en un desfile de personas que transportan con solemnidad un tablero de grandes proporciones, en cuya superficie están delineados veinte casilleros (5 x 4), de los cuales la mayoría tienen dos puntos en su extremidad superior. El individuo que carga el tablero está precedido por dos guerreros ricamente ataviados y seguido por músicos y por cargadores de trofeos que llevan estacas en cuyas cimas están clavadas cabezas humanas".

Según la lectura, coincide al de una viñeta de la difundida crónica de Guamán Poma de Ayala, donde ilustra la manera de contar de los antiguos quipucamayoc, y constituye la única gráfica segura que hasta el momento se tiene de la Yupana, que respaldaba el sistema contable de los incas.

2.2.4. YUPANA INCAICA SEGÚN GUAMÁN POMA DE AYALA

El único ábaco auténtico es el dibujado por el cronista Guamán Poma, en su crónica escrita a principios del siglo XVII, y en la viñeta de la página 360, presenta un quipucamayoc a cuyos pies se aprecia un ábaco de veinte casilleros (5 x 4), que tienen puntos negros y blancos en su interior; en la explicación de dicho dibujo, el cronista manifiesta que el quipucamayoc, luego de calcular en la tabla mediante granos de quinua, consignaba el resultado en un quipu, cuyas cuerdas eran de lana de ciervo taruga.

Gráfico N° 01: Dibujo de Guamán Poma con la representación de la yupana incaica y el quipu por el quipucamayoc

Fuente: Crónica de Guamán Poma de Ayala

Las operaciones aritméticas con la Yupana son gracias a Wassén (1931; 1941), citado por Radicate (1950), donde sostiene que: "En el ábaco peruano el valor numeral se expresaba verticalmente, o sea, la posición por altura de los casilleros y según una progresión decimal que iba de 1 a 10.000. En cambio, el cálculo se hacía horizontalmente, empleándose una progresión de 5; 15; 30; y 30, lo cual significa que el valor que se da en los casilleros de la primera columna de la izquierda (5 huecos x 1 = 5) se triplica en los de la columna siguiente (3 huecos x 5 = 15); se duplica en los de la columna que está a continuación (2 huecos x 15 = 30) y se unifica en los de la última columna (1 hueco x 30 = 30)".

Sin embargo, los doctores Gordon Walker, director de la Sociedad Matemática Americana Robert Jackson, profesor en la Universidad de Toledo, citado por C.L. Day (1967), dicen: "Creemos, por consiguiente, que, en la práctica, con la Yupana debieron basarse en algún método más sencillo, consistente, quizá, en la adopción de un procedimiento de cálculo horizontal que se realizaba agrupando dentro de un solo casillero de la misma posición, todas las fichas de igual valor situadas en las distintas columnas de escaques". Basado en esta opinión aplican a la realización de las cuatro operaciones matemáticas.

2.2.5. LOS NÚMEROS ENTEROS Y LA YUPANA

La simbología universal de los números enteros es Z y es un conjunto de números que incluye a los números naturales distintos de cero (1, 2, 3, ...), los negativos (..., −3, −2, −1) y al 0; es decir: $Z = (−\infty; −1) \cup (0) \cup (1; \infty)$. Los enteros negativos, como −1 o −3 (se leen «menos uno», «menos tres», respectivamente), son menores que todos los enteros positivos (1, 2,...), incluso el cero. Todos ellos se ubican sobre la recta numérica de la siguiente manera:

Los números enteros negativos son más pequeños que todos los positivos y que el cero. Para entender cómo están ordenados se utiliza la recta numérica:

Gráfico N° 02: Recta numérica con números enteros (Z)

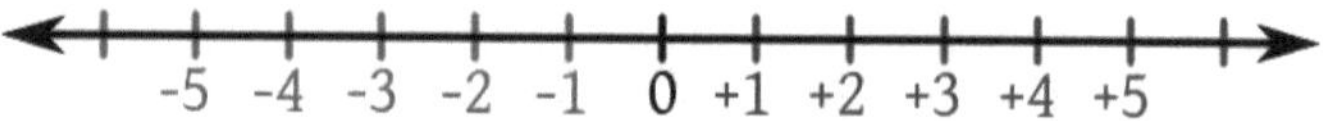

Diseño: Los Investigadores

En la recta numérica, el origen corresponde al número cero (0); a partir del cero y hacia la derecha se ubican los enteros positivos hasta el infinito; de la misma forma, a partir del origen hacia izquierda se ubican los enteros negativos, hasta el infinito, de la siguiente manera:

$Z = \{−\infty; \ldots.; −5; −4; −3; −2; −1; 0; 1; 2; 3; 4; 5; \ldots; +\infty\}$ su ubicación sobre la recta numérica y su representación como conjunto, permiten observar: el que está ubicado a la izquierda es menor, respecto al que está ubicado a la derecha, en toda la recta numérica.

En base a la teoría sobre los números enteros y las propiedades que son aplicables en ella al momento de operar, se propone la elaboración del siguiente tipo de Yupana, considerando los pasos:

- Sobre una tabla de doble entrada de 11 x 11, se colocan los números de 0 a 9 sobre la columna base a la izquierda y sobre la fila base en la parte superior; además, en el cuadrito inicial del extremo superior izquierda se coloca el operador de la multiplicación (x), que se observa en el gráfico siguiente:

Gráfico N° 03: tabla de doble entrada con numeración de 0 a 9

X	0	1	2	3	4	5	6	7	8	9
0										
1										
2										
3										
4										
5										
6										
7										
8										
9										

Fuente: Adaptación para la investigación

- Sobre la base del gráfico 03, se trazan las diagonales sobre todas las cuadrículas de intersección que produce dos espacios triangulares, al lado superior izquierda, donde se colocará el dígito de las decenas; y el inferior derecha, donde se colocará el dígito de las unidades; ellos son los resultados de la multiplicación de cada intersección que se observa en el gráfico siguiente:

Gráfico N° 03: multiplicación de cada intersección

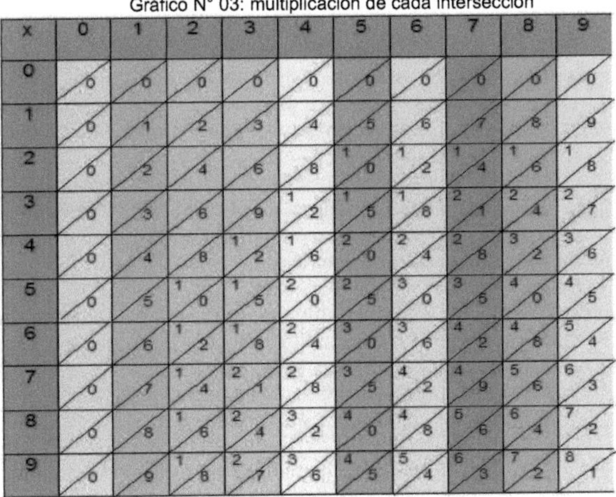

Fuente: Adaptación para la investigación

- Algunas multiplicaciones tienen por resultado un número de un solo dígito; es decir, solo el dígito de las unidades: ($2 \times 4 = 8$, por ejemplo), dichos dígitos se colocan en los espacios triangulares de la derecha inferior; en este caso, el espacio que corresponde al dígito de las decenas se completa con el cero (0), como se observa en el siguiente gráfico:

Gráfico N° 04: Espacios en blanco completados con 0

X	0	1	2	3	4
0	0 / 0	0 / 0	0 / 0	0 / 0	0 / 0
1	0 / 0	0 / 1	0 / 2	0 / 3	0 / 4
2	0 / 0	0 / 2	0 / 4	0 / 6	0 / 8

Fuente: Adaptación para la investigación

- Las otras multiplicaciones tienen por resultado números de dos dígitos; es decir, tienen el dígito de las unidades y también el dígito de las decenas.

- Por ejemplo: el producto de $3 \times 3 = 9$, solo produce el dígito de las unidades, entonces el 9 se coloca al espacio de la derecha que corresponde a las unidades; en este caso, el espacio de las decenas es completado con el cero (0). Se observa en el gráfico N° 03.

- El producto de $3 \times 4 = 12$, produce el dígito de las unidades (2) y dígito de las decenas (1), entonces el 2 se coloca al espacio de la derecha que corresponde a las unidades, y el 1 se coloca en el espacio de las decenas. Se observa en el gráfico N° 03.

- El producto de $5 \times 4 = 20$, también produce el dígito de las unidades (0) y el dígito de las decenas (2), entonces el 0 se coloca al espacio de la derecha que corresponde a las unidades, y el 2 se coloca en el espacio de las decenas. Se observa en el gráfico N° 03.

Gráfico N° 05: Ubicación de resultados con dos dígitos

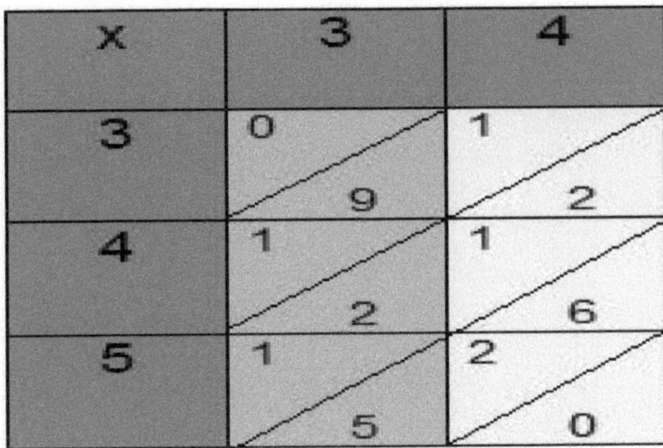

Fuente: Adaptación para la investigación

- En base a los procedimientos descritos se propone las tablas que se presentan a continuación, las mismas que corresponden a la multiplicación de los Z^+ el primero, y el segundo a la multiplicación de los Z^-. Todas las operaciones que en ella se produzcan, están en estricto cumplimiento de los axiomas, teoremas y propiedades propuestos en la ciencia matemática con respecto a los números enteros; por ejemplo: la ley de los signos se cumple, entre otros.

- En la investigación se ha propuesto el uso como material didáctico para generar un mejor nivel de aprendizaje en los futuros docentes de la especialidad de matemática y física de la Universidad Nacional Hermilio Valdizán de Huánuco, primero en ellos; luego, para que lo presenten como estrategias de aprendizaje de las operaciones con números enteros, durante su ejercicio profesional.

- Se propone su construcción sobre una cartulina dúplex, que es accesible para los estudiantes del medio rural, como los citadinos, y es de un costo bajísimo, pero de una gran utilidad.

- Se puede usar la tabla entera o cortándolas en tiras verticales; el primero genera un problema de espacio por cada estudiante sobre la mesa de trabajo durante las clases, problema que sería solucionado con la segunda forma de uso; es decir cortándolas verticalmente.

Gráfico N° 06: Yupana en la multiplicación de Z^+

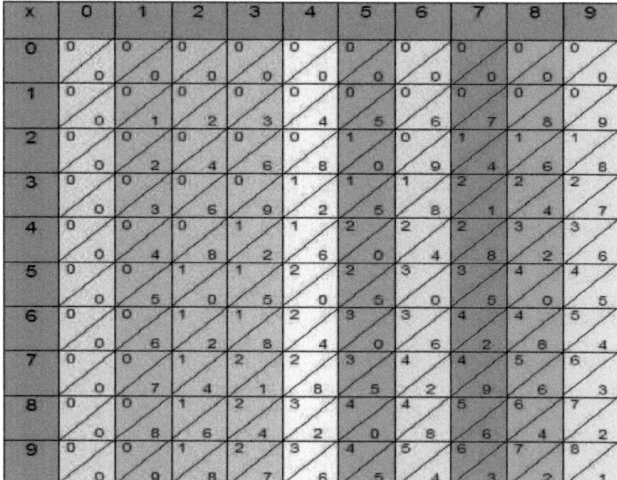

Fuente: Adaptación para la investigación

Gráfico N° 07: Yupana en la multiplicación de Z^-

X	0	-1	-2	-3	-4	-5	-6	-7	-8	-9
0	0 / 0	0 / 0	0 / 0	0 / 0	0 / 0	0 / 0	0 / 0	0 / 0	0 / 0	0 / 0
-1	0 / 0	0 / 1	0 / 2	0 / 3	0 / 4	0 / 5	0 / 6	0 / 7	0 / 8	0 / 9
-2	0 / 0	0 / 2	0 / 4	0 / 6	0 / 8	1 / 0	1 / 2	1 / 4	1 / 6	1 / 8
-3	0 / 0	0 / 3	0 / 6	0 / 9	1 / 2	1 / 5	1 / 8	2 / 1	2 / 4	2 / 7
-4	0 / 0	0 / 4	0 / 8	1 / 2	1 / 6	2 / 0	2 / 4	2 / 8	3 / 2	3 / 6
-5	0 / 0	0 / 5	1 / 0	1 / 5	2 / 0	2 / 5	3 / 0	3 / 5	4 / 0	4 / 5
-6	0 / 0	0 / 6	1 / 2	1 / 8	2 / 4	3 / 0	3 / 6	4 / 2	4 / 8	5 / 4
-7	0 / 0	0 / 7	1 / 4	2 / 1	2 / 8	3 / 5	4 / 2	4 / 9	5 / 6	6 / 3
-8	0 / 0	0 / 8	1 / 6	2 / 4	3 / 2	4 / 0	4 / 8	5 / 6	6 / 4	7 / 2
-9	0 / 0	0 / 9	1 / 8	2 / 7	3 / 6	4 / 5	5 / 4	6 / 3	7 / 2	8 / 1

Fuente: adaptación para la investigación

Gráfico N° 08: Yupana en la multiplicación de Z^+ y Z^-

X	0	-1	-2	-3	-4	-5	-6	-7	-8	-9
0	0 / 0	0 / 0	0 / 0	0 / 0	0 / 0	0 / 0	0 / 0	0 / 0	0 / 0	0 / 0
1	0 / 0	0 / -1	0 / -2	0 / -3	0 / -4	0 / -5	0 / -6	0 / -7	0 / -8	0 / -9
2	0 / 0	0 / -2	0 / -4	0 / -6	0 / -8	-1 / 0	-1 / -2	-1 / -4	-1 / -6	-1 / -8
3	0 / 0	0 / -3	0 / -6	0 / -9	-1 / -2	-1 / -5	-1 / -8	-2 / -1	-2 / -4	-2 / -7
4	0 / 0	0 / -4	0 / -8	-1 / -2	-1 / -6	-2 / 0	-2 / -4	-2 / -8	-3 / -2	-3 / -6
5	0 / 0	0 / -5	-1 / 0	-1 / -5	-2 / 0	-2 / -5	-3 / 0	-3 / -5	-4 / 0	-4 / -5
6	0 / 0	0 / -6	-1 / -2	-1 / -8	-2 / -4	-3 / 0	-3 / -6	-4 / -2	-4 / -8	-5 / -4
7	0 / 0	0 / -7	-1 / -4	-2 / -1	-2 / -8	-3 / -5	-4 / -2	-4 / -9	-5 / -6	-6 / -3
8	0 / 0	0 / -8	-1 / -6	-2 / -4	-3 / -2	-4 / 0	-4 / -8	-5 / -6	-6 / -4	-7 / -2
9	0 / 0	0 / -9	-1 / -8	-2 / -7	-3 / -6	-4 / -5	-5 / -4	-6 / -3	-7 / -2	-8 / -1

Fuente: Adaptación para la investigación

Gráfico N° 09: Yupana en la multiplicación de Z^- y Z^+

Cada celda muestra el producto dividido en decena (arriba) y unidad (abajo), escritas como "decena / unidad":

X	0	1	2	3	4	5	6	7	8	9
0	0 / 0	0 / 0	0 / 0	0 / 0	0 / 0	0 / 0	0 / 0	0 / 0	0 / 0	0 / 0
-1	0 / 0	0 / -1	0 / -2	0 / -3	0 / -4	0 / -5	0 / -6	0 / -7	0 / -8	0 / -9
-2	0 / 0	0 / -2	0 / -4	0 / -6	0 / -8	-1 / 0	-1 / -2	-1 / -4	-1 / -6	-1 / -8
-3	0 / 0	0 / -3	0 / -6	0 / -9	-1 / -2	-1 / -5	-1 / -8	-2 / -1	-2 / -4	-2 / -7
-4	0 / 0	0 / -4	0 / -8	-1 / -2	-1 / -6	-2 / 0	-2 / -4	-2 / -8	-3 / -2	-3 / -6
-5	0 / 0	0 / -5	-1 / 0	-1 / -5	-2 / 0	-2 / -5	-3 / 0	-3 / -5	-4 / 0	-4 / -5
-6	0 / 0	0 / -6	-1 / -2	-1 / -8	-2 / -4	-3 / 0	-3 / -6	-4 / -2	-4 / -8	-5 / -4
-7	0 / 0	0 / -7	-1 / -4	-2 / -1	-2 / -8	-3 / -5	-4 / -2	-4 / -9	-5 / -6	-6 / -3
-8	0 / 0	0 / -8	-1 / -6	-2 / -4	-3 / -2	-4 / 0	-4 / -8	-5 / -6	-6 / -4	-7 / -2
-9	0 / 0	0 / -9	-1 / -8	-2 / -7	-3 / -6	-4 / -5	-5 / -4	-6 / -3	-7 / -2	-8 / -1

Fuente: Adaptación para la investigación

- Visto las ventajas y desventajas de su uso durante el trabajo de campo, se propuso cortarla en forma vertical las cuatro tablas, tal como se muestra en la gráfica N° 10, este procedimiento da movilidad a cada columna y ayuda mucho en los fines didácticos en la generación de mejores niveles de aprendizaje, ya que, con las columnas movibles se pueden acercar solo entre los números que se van a multiplicar.

Gráfico N° 10: Yupana con columnas cortadas y móviles

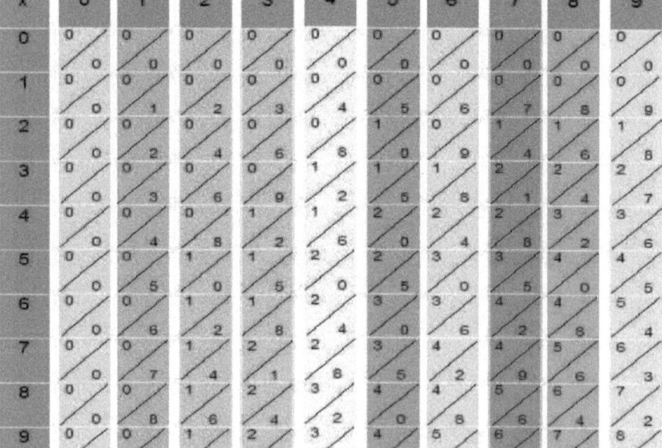

Fuente: Adaptación para la investigación

- Es necesario indicar la parte operativa en el trabajo de campo durante las clases programadas a los estudiantes de la Carrera Profesional de Matemática y Física de la UNHEVAL.

- Se quiere multiplicar dos números, por ejemplo: $3 \, x \, 4 = 12$, los estudiantes deben ubicarse en la columna base, sobre 3 y en la fila base, sobre 4, luego el número ubicado como resultado es: 12 y se encuentra en la intersección de la fila del dígito 3 con la columna del dígito 4, que se observarse en el gráfico N° 11.

- En una segunda oportunidad, se multiplica los números: $9 \, x \, 4 = 36$, los estudiantes deben ubicarse en la columna base, sobre 9 y en la fila base, sobre 4, en el cuadrito de intersección está ubicado el número 36 como resultado; claramente se nota que el 6 está ubicado en el sitio de las unidades, y el 3 está ubicado en el sitio de la decenas. También se observarse en el gráfico N° 11.

Gráfico N° 11: Resultado de la multiplicación

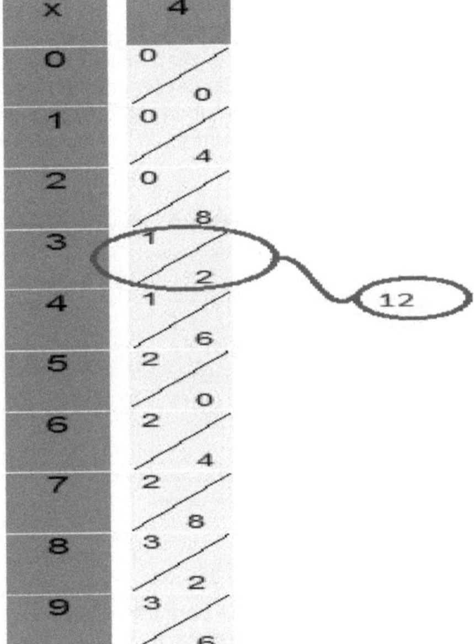

Fuente: Adaptación para la investigación

- Haga la multiplicación 9×12

  Para esta multiplicación se crea la tabla únicamente para los dígitos indicados. En la primera intersección está $9 \times 1 = 9$ y en la segunda intersección está $9 \times 2 = 18$. El proceso se observa en la columna de las operaciones parciales del gráfico N° 12.

Gráfico N° 12: Resultado de la multiplicación: 9×12

X	1	2	RESULTADO	Operaciones parciales
9	0 / 9	1 / 8	108	108 9+1=10 1+0=1

Fuente: Adaptación para la investigación
Diseño: Autores

- Haga la multiplicación 59×78

  En este caso se crea una tabla para dos dígitos en ambas bases. En la primera intersección para el dígito 5, está $5 \times 7 = 35$ y en la segunda intersección está $5 \times 8 = 40$. En la primera intersección para el dígito 9, está $9 \times 7 = 63$ y en la segunda intersección está $9 \times 8 = 72$. El proceso se observa en la columna de las operaciones parciales del gráfico N° 13.

Gráfico N° 13: Resultado de la multiplicación: 59×78

X	7	8	Resultado	Operaciones parciales
5	3 / 5	4 / 0	4602	4602 3+7+0=10
9	6 / 3	7 / 2		1+6+5+4=16 1+3=4

Fuente: Adaptación para la investigación
Diseño: Autores

- Haga la multiplicación 864×975

  En este caso se crea una tabla para tres dígitos en ambas bases. En la primera intersección para el dígito 8, está $8 \times 9 = 72$, en la segunda intersección está $8 \times 7 = 56$ y en la tercera intersección está $8 \times 5 = 40$. En la primera intersección para el dígito 6, está $6 \times 9 = 54$, en la segunda intersección está $6 \times 7 = 42$ y en la tercera intersección está $6 \times 5 = 30$; finalmente, en la primera intersección para el dígito 4, está $4 \times 9 = 36$, en la segunda intersección está $4 \times 7 = 28$ y en la tercera intersección está $4 \times 5 = 20$. El proceso se observa en la columna de las operaciones parciales del gráfico N° 14.

Gráfico N° 14: Resultado de la multiplicación: 864×975

X	9	7	5	Resultado	Operaciones parciales
8	7 / 2	5 / 6	4 / 0	842400	**842**400 8+2+0=10 1+6+2+2+3+0=14 1+3+4+4+6+4=22 2+5+2+5=14 1+7=8
6	5 / 4	4 / 2	3 / 0		
4	3 / 6	2 / 8	2 / 0		

Fuente: Adaptación para la investigación
Diseño: Autores

- Haga la multiplicación -864×-97

  En este caso se crea una tabla para tres dígitos en la base vertical de la izquierda y de dos dígitos en la base horizontal. En la primera intersección para el dígito -8, está $-8 \times -9 = 72$, en la segunda intersección está $-8 \times -7 = 56$. En la primera intersección para el dígito -6, está $-6 \times -9 = 54$, y en la segunda intersección está $-6 \times -7 = 42$; finalmente, en la primera intersección para el dígito -4, está $-4 \times -9 = 36$, en la segunda intersección está $-4 \times -7 = 28$. Aquí se aplica la ley de los signos de la multiplicación. El proceso se observa en la columna de las operaciones parciales del gráfico N° 15.

Gráfico N° 15: Resultado de la multiplicación: -864×-97

X	-9	-7	RESULTADO	Operaciones parciales
-8	7 / 2	5 / 6	83808	**83**808 6+2+2=10 1+3+4+4+6=18 1+5+2+5=13 1+7=8
-6	5 / 4	4 / 2		
-4	3 / 6	2 / 8		

Fuente: Adaptación para la investigación
Diseño: Autores

Gráfico N° 16: Resultado de la multiplicación: -864×-97

X	-9	-7	-5	RESULTADO	Operaciones parciales
8	-7 / -2	-5 / -6	-4 / -0	- 842400	- 842400
6	-5 / -4	-4 / -2	-3 / -0		-8-2-0= -10
4	-3 / -6	-2 / -8	-2 / - 0		-1-6-2-2-3-0= -14

-8-2-0= -10
-1-6-2-2-3-0= -14
-1-3-4-4-6-4= -22
-2-5-2-5= -14
-1-7= -8

Fuente: Adaptación para la investigación
Diseño: Autores

2.3. DEFINICIÓN CONCEPTUAL DE TÉRMINOS

- **Yupana**

  Material didáctico que sirve para multiplicar números enteros con facilidad. La palabra Yupana, derivada de la palabra quecha yupay (contar), se define comúnmente como un ábaco utilizado para realizar operaciones aritméticas, el cual se remonta a la época de los Incas.

- **Multiplicación de números enteros**

  Es la multiplicación de los valores absolutos de los factores, con plena aplicación de la ley de signos: el producto de dos factores con signos iguales es positivo; el producto de factores con signos diferentes, es negativo.

- **Aprendizaje**

  Es un proceso de adquisición de determinados conceptos provocando conocimientos, competencias y habilidades o aptitudes por medio del estudio o la experiencia.

- **Enseñanza**

  Es la presentación sistemática de hechos, ideas, habilidades y técnicas a los estudiantes. A pesar de que los seres humanos han sobrevivido y evolucionado como especie por su capacidad para transmitir conocimiento.

- **Matemática**

  Es la ciencia que estudia las propiedades de los números y las relaciones que se establecen entre ellas.
  Es un conjunto de disciplinas que tienen por objeto determinar las propiedades de la cantidad calculable.

- **Estrategias de aprendizaje**
  Es un procedimiento que usa un conjunto de pasos o instrumentos flexibles para aprender significativa mente y solucionar problemas y demandas académicas.

- **Estrategias metodológicas**
  Son conjunto de métodos procedimientos, formas y técnicas, que sirven para cumplir los fines en la educación.

- **Aprendizaje autónomo**
  Es el acto donde el estudiante realiza las actividades de aprendizaje por sí mismo, teniendo al docente sólo como guía.

- **Materiales didácticos**
  Son elementos que emplean los docentes para facilitar el proceso aprendizaje-enseñanza de los estudiantes.
  Son los materiales y recursos inseparables de las actividades de aprendizaje en el aula. Los materiales de trabajo han pasado de utilizar el libro de texto como única fuente de información o comentarios de textos más o menos formalizados, a la presencia de todo un conjunto de materiales diversos, organizados en torno a las unidades didácticas.

- ***z crítica***
  Es el valor que corresponde al nivel de confianza y se ubica como frontera entre la zona de aceptación y la zona de rechazo. Los más usados: para 95% es 1,96; para 99% es 2,57 aproximadamente; y para 90% es 1,65 aproximadamente.

- ***Z calculada***
  Es el valor que se obtiene de los resultados del trabajo de campo en cada investigación, mediante la fórmula $z = \dfrac{\overline{\mu_e}-\overline{\mu_c}}{\sqrt{\dfrac{\delta_e^2}{n_e}-\dfrac{\delta_c^2}{n_c}}}$; el valor obtenido

puede ubicarse en la zona de aceptación o en la zona de rechazo, según ello se analiza e interpreta el valor en función al problema estudiado o investigado (Paragua, 2017).

Capítulo **3**

MARCO METODOLÓGICO

- ⊕ Tipo de investigación
- ⊕ Diseño y esquema de investigación
- ⊕ Población y muestra
- ⊕ Instrumentos de recolección de datos
- ⊕ Técnicas de procesamiento de datos

Capítulo   **3**

3. MATERIALES Y MÉTODOS

3.1. TIPO DE INVESTIGACIÓN

La investigación es un estudio de tipo explicativo, Paragua (2008), Hernández (2006), debido a que la investigación que se realizó tuvo por finalidad resolver un problema práctico, para ello se manipularon las variables, la misma que estuvo relacionada con el problema de aprendizaje de la multiplicación de los números enteros usando la Yupana en los estudiantes de la Carrera Profesional de Matemática y Física de la UNHEVAL.

3.2. DISEÑO Y ESQUEMA DE INVESTIGACIÓN

El diseño usado en la investigación fue el cuasi experimental Paragua (2014), Hernández (2006), con prueba de entrada (PE) de carácter diagnóstica, prueba de proceso (PP) y prueba final (PF) ambos de comprobación del nivel de aprendizaje de la multiplicación de números enteros con la aplicación de la Yupana como material didáctico.

Las pruebas se aplicaron, tanto al grupo experimental como al grupo de control.

El esquema del diseño (Paragua, 2012), es el siguiente:

GE: O1----------X------------O2-----------X-------------O3
GC: O1-----------------------O2--------------------------O3

Dónde:
GE: Grupo experimental.
GC: Grupo de control.
O_1: Prueba de entrada.
O_2: Prueba de proceso.
O_3: Prueba de salida.
X: Variable independiente (tratamiento)

3.3.   POBLACIÓN Y MUESTRA

3.3.1.   POBLACIÓN - MUESTRA

Se optó por la presentación de la población y muestra en una sola tabla debido al número total de matriculados en la Carrera Profesional de Matemática y Física de la Universidad Nacional Hermilio Valdizán 2019, dicha forma de tomar la muestra se denomina: no aleatorio o intencionado.

Se trabajó con la totalidad de estudiantes matriculados en la mencionada especialidad, tal como se muestra en la siguiente tabla.

Tabla N° 03: Población – Muestra de estudiantes de la Carrera Profesional de Matemática y Física de la Universidad Nacional Hermilio Valdizán 2019

CICLO	N° DE ESTUDIANTES	GC	GE
I	25	25	
III	40	40	
V	32		32
VII	25	25	
IX	25		25
TOTAL	147	90	57

Fuente: Nomina de matrícula 2019
Elaboración: Los investigadores

3.4.   INSTRUMENTO DE RECOLECCIÓN DE DATOS

El instrumento de recolección de datos fue la prueba evaluativa tipo escrita para desarrollar, con los nombres de: prueba de entrada (PE) que sirvió para diagnosticar el porcentaje de temas prerrequisito que tenían los estudiantes antes de aplicar la Yupana; prueba de proceso (PP) y prueba de salida (PS), ambos para evaluar el nivel de aprendizaje de la multiplicación en Z que habían logrado con la ayuda de la Yupana como material didáctico; cada prueba con 10 preguntas, valorados a dos puntos cada uno de ellos y el calificativo final fue veinte, lo que permitió el uso de la escala vigesimal [00-20], para la calificación.

3.5.   TÉCNICAS DE PROCESAMIENTO Y PRESENTACIÓN DE DATOS

Los datos recogidos con la PE, PP y PS, se procesaron y se obtuvieron los estadígrafos, lo que permitió, en cada caso, el análisis descriptivo, enfatizándose en las medidas de tendencia central y las de dispersión; además se usó el análisis inferencial para la respectiva prueba de hipótesis.

Los resultados se presentaron a través de distribuciones de frecuencias y gráficos, las que fueron analizados, evaluados e interpretados en función al problema en estudio.

Al respecto Paragua y Rojas (2001) dicen que la estadística descriptiva son procedimientos estadísticos que sirven para organizar, resumir, describir analizar e interpretar conjuntos de datos numéricos; es decir, que la aplicación de la estadística descriptiva a la investigación es un proceso, cuyo resultado son los estadígrafos, que dicen algo sobre el problema en estudio.

3.6.   **VALIDACIÓN DEL INSTRUMENTO DE RECOLECCIÓN DE DATOS**

Las tres pruebas fueron validadas por menor variabilidad, a través del proceso siguiente: la PE, PP y PS fueron aplicados en tres tiempos diferentes a grupos pilotos de tamaño $n = 10$.

Durante la aplicación de cada una de las pruebas, hubo observaciones, las que se convirtieron en insumos de corrección de las pruebas piloto, luego, a los tres resultados se les procesó de forma descriptiva.

La cuarta versión del instrumento de recolección de datos es la que se aplicó a las unidades de análisis del estudio, con su respectivo juicio de experto.

Capítulo **4**

RESULTADOS

- ⊕ **Análisis descriptivo de resultados del grupo experimental**
- ⊕ **Análisis descriptivo de resultados del grupo de control**
- ⊕ **Prueba de hipótesis**

Capítulo **4**

4. RESULTADOS

Para procesar los resultados obtenidos durante el trabajo de campo se utilizó el Excel y con aplicación pertinente de la ciencia estadística descriptiva e inferencial.

Los estadígrafos obtenidos se han analizado e interpretado, agrupadas como: medidas de tendencia central, medidas de dispersión y medidas de forma, primero en el G.E., luego en el G.C., y como tercer procedimiento se ha hecho la prueba de hipótesis con su respectivo análisis y toma de decisión.

Los datos recolectados se procesaron y se evaluaron con la escala de calificación vigesimal: [0; 20], dividido en clases iguales como la siguiente:

[0; 4)	Pésimo
[4; 8)	Malo
[8; 12)	Regular
[12; 16)	Bueno
[16; 20]	Muy bueno

El trabajo de campo se realizó con los estudiantes de la carrera profesional de matemática y física de la UNHEVAL.

4.1. ANÁLISIS DESCRIPTIVO DE RESULTADOS DEL GRUPO EXPERIMENTAL

Tabla N° 05: Nivel de saberes previos respecto a la multiplicación en Z de los estudiantes de la Carrera Profesional de Matemática y Física de la UNHEVAL 2019 GE

ESTADÍGRAFOS	MÓDULO
Media	10,51
Mediana	10,00
Moda	8,00
Desviación estándar	3,48
Varianza de la muestra	12,11
Coeficiente de asimetría	0,66
Rango	12,00
Mínimo	6,00
Máximo	18,00
n	57,00

Fuente: Prueba de entrada (PE)
Diseño: Los investigadores

En la escala vigesimal de calificación el mínimo aprobatorio es 10,50; en este sentido, en la tabla que antecede se observa que el nivel de saberes previos de las unidades de análisis del G.E., estaban precisamente allí, indicado por la $Media = 10,51$; los saberes previos son los temas prerrequisito básicos que los estudiantes de la carrera profesional de Matemática y Física deben de tener para entender el tema de multiplicación de números enteros con la aplicación de la Yupana en clases.

Es manifiesto que solo poseían aproximadamente el 50% de saberes previos, para subsanar la falencia se les programó tres sesiones de retroalimentación, antes de aplicarles la variable independiente.

Las medidas de dispersión, $Desviación\ estándar = 3,48$ y $Rango = 12$, son un tanto altos, éstos indican que el nivel de saberes previos de las unidades de análisis entre sí, eran bastante heterogéneos, pues, ocupaban el 60% de la escala de calificación, entre $Mínimo = 3$ hasta $Máximo = 15$.

El $Coeficiente\ de\ asimetría = 0,66$ configura una asimetría positiva; es decir, el acumulamiento de las unidades de análisis es con tendencia a la clase mínima.

Gráfico N° 12: Nivel de saberes previos respecto a la multiplicación en Z de los estudiantes de la Carrera Profesional de Matemática y Física de la UNHEVAL 2019 GE

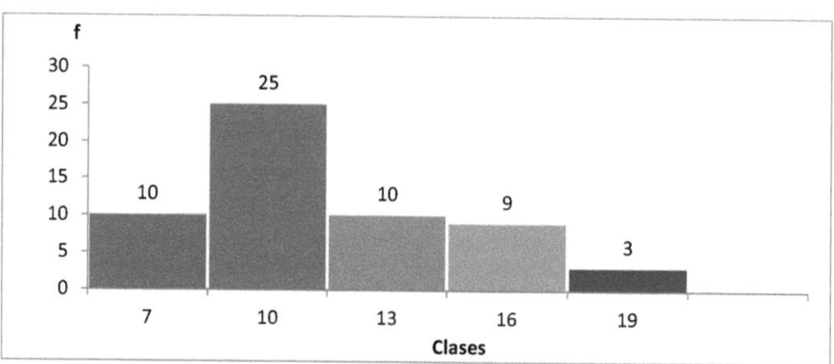

Fuente: Prueba de entrada (PE)
Diseño: los investigadores

En el gráfico que antecede se observa claramente la asimetría positiva, el mayor apuntamiento que es la clase modal está sobre la clase (7 – 10] y sobre las dos primeras clases se ubican 35 de las 57 unidades de análisis; es decir, la mayor parte de las unidades de análisis tenían niveles de saberes previos con una fuerte tendencia hacía la nota $Mínima = 6$.

CONTRASTE DEL PRIMER OBJETIVO ESPECÍFICO

El nivel de saberes previos sobre la multiplicación de números enteros en los estudiantes de la Carrera Profesional de Matemática y Física de la

UNHEVAL 2019 GE, era Regular según la escala de calificación [00 – 20] con $Media = 10{,}51$.

Tabla N° 06: Nivel de aprendizaje de la multiplicación en Z durante la aplicación de la Yupana en los estudiantes de la Carrera Profesional de Matemática y Física de la UNHEVAL 2019 GE

ESTADÍGRAFOS	MÓDULO
Media	11,95
Mediana	10,00
Moda	10,00
Desviación estándar	2,98
Varianza de la muestra	8,87
Coeficiente de asimetría	0,31
Rango	10,00
Mínimo	8,00
Máximo	18,00
n	57,00

Fuente: Prueba de proceso (PP)
Diseño: Los investigadores

En la tabla que antecede se observa que el nivel de aprendizaje de la multiplicación en Z de los estudiantes del grupo experimental tienen una mejora con $Media = 11{,}95$ durante la aplicación de la Yupana; dicho logro es de todas las unidades de análisis; además, lo que se produjo es debido al esfuerzo grupal de las unidades de análisis, porque las medidas de dispersión: $Desviación\ estándar = 2{,}98$ y $Rango = 10$, disminuyen en relación a la PE; es decir, el nivel de aprendizaje de los estudiantes de la carrera profesional de Matemática y Física mejoran y se homogenizan a la vez.

El $Coeficiente\ de\ asimetría = 0{,}31$ configura una asimetría positiva, en este caso también la acumulación de las unidades de análisis es hacia la nota mínima; pero, es notorio que es en menor número. Es evidente la mejora y debido a ello, los estudiantes se van alejando de la nota mínima; es decir, el nivel de aprendizaje de la multiplicación en Z, con la aplicación de la Yupana va mejorando a la luz de los estadígrafos analizados.

Gráfico N° 13: Nivel de aprendizaje de la multiplicación en Z durante la aplicación de la Yupana en los estudiantes de la Carrera Profesional de Matemática y Física de la UNHEVAL 2019 GE

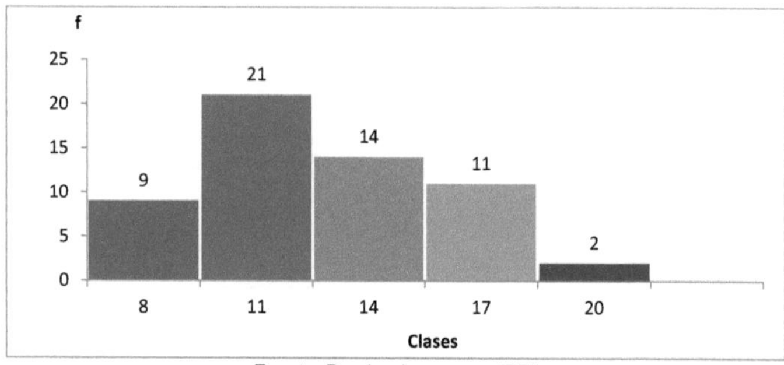

Fuente: Prueba de proceso (PP)
Diseño: los investigadores

El gráfico que antecede muestra que el mayor apuntamiento está sobre la clase (8 – 11], es la clase donde se encuentran las medidas de tendencia central y muestra claramente que su tendencia es hacia la nota mínima; sin embargo, el número de unidades de análisis es 30 de 57, es decir, se tiene una tendencia a lograr una curva normal, entonces se puede decir que hay una tendencia a mejorar por parte de los estudiantes de la muestra, el nivel de aprendizaje de la multiplicación en Z con la aplicación de la Yupana.

CONTRASTE DEL SEGUNDO OBJETIVO ESPECÍFICO

El nivel de aprendizaje de la multiplicación de números enteros durante la aplicación de la Yupana en los estudiantes de la Carrera Profesional de Matemática y Física de la UNHEVAL 2019 GE, empiezan a mejorar y llegan a superar el mínimo aprobatorio en la escala de calificación.

Cuadro N° 07: Nivel de aprendizaje de la multiplicación en Z al finalizar la aplicación de la Yupana en los estudiantes de la Carrera Profesional de Matemática y Física de la UNHEVAL 2019 GE.

ESTADÍGRAFOS	MÓDULO
Media	13,72
Mediana	14,00
Moda	15,00
Desviación estándar	2,18
Varianza de la muestra	4,74
Coeficiente de asimetría	0,55
Rango	9,00
Mínimo	9,00
Máximo	18,00
n	57,00

Fuente: Prueba Final (PF)

Diseño: los investigadores

Al finalizar la experiencia de aplicar la Yupana, el nivel de aprendizaje de la multiplicación en Z ha tenido una mejora enorme, indicado por las medidas de tendencia central, la $Media = 13,72$ indica un nivel alto de aprendizaje de las unidades de análisis en conjunto; además, el dato de mayor frecuencia, $Moda = 15$ es alto, y la $Mediana = 14$, como dato central, indica que la mitad de las unidades de análisis tienen niveles de aprendizaje por encima de 14.

El $Coeficiente\ de\ asimetría = 0,55$ sigue configurando una asimetría positiva; esto quiere decir, que la mayoría de las unidades de análisis tienden hacia la nota $Mínima = 9,00$.

Hubo una clara disminución de la dispersión con $Desviación\ estándar = 2,18$; es decir, sí hubo un crecimiento en el nivel de aprendizaje promedio de las unidades de análisis y, a su vez, dicho aumento de nivel fue homogéneo; entonces, se puede afirmar que dicho aumento en el nivel de aprendizaje fue debido a la aplicación de la Yupana como medio didáctico.

Gráfico N° 14: Nivel de aprendizaje de la multiplicación en Z al finalizar la aplicación de la Yupana en los estudiantes de la Carrera Profesional de Matemática y Física, UNHEVAL 2019 GE

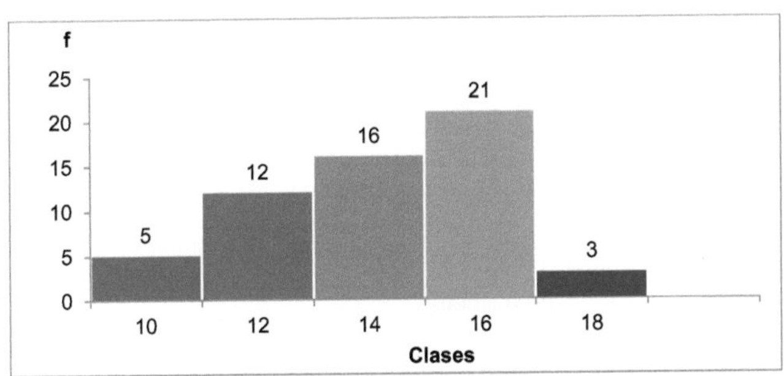

Fuente: Prueba de Final (PF)
Diseño: Los investigadores

Finalmente, en el gráfico que antecede, del grupo experimental, se observa que el mayor apuntamiento está sobre la clase $(14 - 16]$, con $Moda = 15$; sin embargo, la Media y la Mediana se ubican en la clase $(12 - 14]$, ello explica una vista engañosa del gráfico, que parece tuviera una asimetría negativa.

Para el análisis real se debe tomar la clase mediana, entonces, a partir de ello se afirma que hay 40 de 57 unidades de análisis con una fuerte tendencia hacia la derecha; es decir, el nivel de aprendizaje de la multiplicación en Z con la aplicación de la Yupana, tienen una fuerte tendencia hacia el extremo $Máximo = 18$.

CONTRASTE DEL TERCER OBJETIVO ESPECÍFICO

El nivel de aprendizaje de la multiplicación en Z al finalizar la aplicación de la Yupana en los estudiantes de la Carrera Profesional de Matemática y Física, UNHEVAL 2019, es buena, con una tendencia marcada hacia el extremo $Máximo = 18$.

CONTRASTE DEL CUARTO OBJETIVO ESPECÍFICO

El nivel de aprendizaje de la multiplicación en Z, antes y después de la aplicación de la Yupana en los estudiantes de la Carrera Profesional de Matemática y Física, UNHEVAL 2019, tuvieron una mejora de 3,21 puntos en promedio.

4.2. ANÁLISIS DESCRIPTIVO DE RESULTADOS DEL GRUPO DE CONTROL

Tabla N° 08: Nivel de saberes previos respecto a la multiplicación en Z de los estudiantes de la Carrera Profesional de Matemática y Física, UNHEVAL 2019 GC

ESTADÍGRAFOS	MÓDULO
Media	10,33
Mediana	10,00
Moda	8,00
Desviación estándar	3,20
Varianza de la muestra	10,25
Coeficiente de asimetría	0,51
Rango	10,00
Mínimo	6,00
Máximo	16,00
n	90,00

Fuente: Prueba de entrada (PE)
Diseño: Los investigadores

En la tabla que antecede se observa que los niveles de saberes previos de los estudiantes del grupo de control, estaban por debajo del mínimo aprobatorio con $Media = 10,33$; es comprensible que, al inicio del estudio, ambos grupos hayan tenido casi los mismos niveles de saberes previos; sin embargo, como grupo de control no recibieron ninguna retroalimentación y tampoco recibieron los beneficios de la aplicación de la variable independiente.

Las medidas de dispersión como la $Desviación\ estándar = 3{,}20$ y $Rango = 10$, son altos, ello quiere decir que el nivel de saberes previos que tenían las unidades de análisis del grupo de control, un poco más del 50%, eran bastante heterogéneos.

El valor del $Coeficiente\ de\ asimetría = 0{,}51$ configura una asimetría positiva; es decir, la mayoría de las unidades de análisis con tendencia hacia el extremo izquierdo donde se encuentra la nota $Mínima = 6{,}00$.

Gráfico N° 15: Nivel de saberes previos respecto a la multiplicación en Z de los estudiantes de la Carrera Profesional de Matemática y Física, UNHEVAL 2019 GC

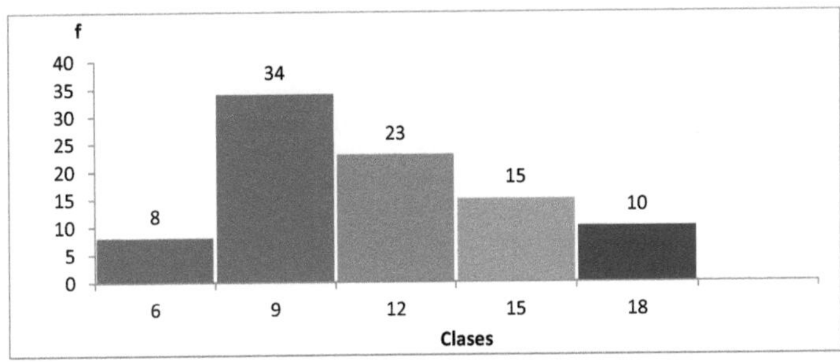

Fuente: Prueba de entrada (PE)
Diseño: Los investigadores

En el gráfico que antecede se observa que el mayor apuntamiento está sobre la clase (6 – 9] y de allí hacia la izquierda están ubicadas 42 de las 90 unidades de análisis del grupo de control, cuyos niveles de saberes previos tienen una fuerte tendencia hacía la nota $Mínima = 6{,}00$.

Tabla N° 08: Nivel de aprendizaje de la multiplicación en Z durante la aplicación de la Yupana en los estudiantes de la Carrera Profesional de Matemática y Física, UNHEVAL 2019 GC

ESTADÍGRAFOS	MÓDULO
Media	10,78
Mediana	10,00
Moda	8,00
Desviación estándar	3,08
Varianza de la muestra	9,48
Coeficiente de asimetría	0,57
Rango	10,00
Mínimo	7,00
Máximo	17,00
n	90,00

Fuente: Prueba de proceso (PP)
Diseño: Los investigadores

En la tabla que antecede, se observa que el nivel de aprendizaje de la multiplicación en Z de los estudiantes del grupo de control, tienen una mejora con $Media = 10,78$; cabe recalcar que a ellos no se les aplicó la Yupana como ayuda didáctica, es probable que haya otra investigación y se les está aplicando otro estilo de aprendizaje u otra metodología; sin embargo, la mencionada mejora no es contundente o categórico a nivel de notas, que es la expresión de los niveles de aprendizaje, sino, más bien un tanto mesurado.

De otro lado las medidas de dispersión, tal como $Desviación\ estándar = 3,08$ disminuye, y $Moda = 8,00$ permanece igual, respecto a los saberes previos, lo que indica que los niveles de aprendizaje individual de las unidades de análisis del grupo de control se van homogenizando.

El $Coeficiente\ de\ asimetría = 0,57$ configura una asimetría positiva, el fenómeno es común en todos los estudiantes de diferentes niveles de estudio; siempre hay mayor cantidad de unidades de análisis que no aprenden adecuadamente y pocos los que llegan a niveles de aprendizaje con tendencia hacía el extremo $Máximo = 17,00$, de la escala de calificación.

Gráfico N° 16 Nivel de aprendizaje de la multiplicación en Z durante la aplicación de la Yupana en los estudiantes de la Carrera Profesional de Matemática y Física, UNHEVAL 2019 GC

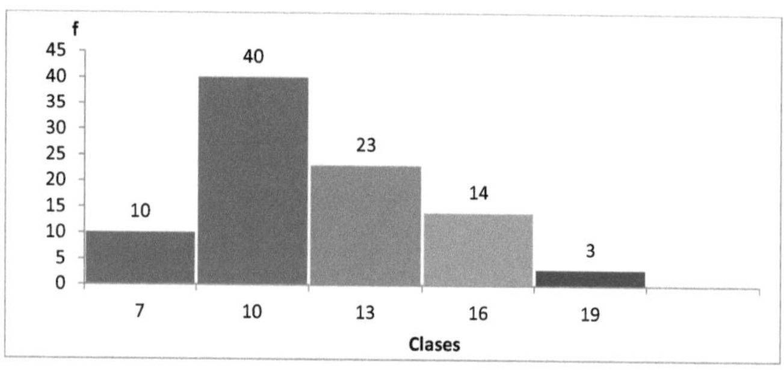

Fuente: Prueba de proceso (PP)
Diseño: Los investigadores

El gráfico que antecede muestra que el mayor apuntamiento está sobre la clase (7 – 10] en el grupo de control, y de allí hacia la izquierda se encuentran 50 de las 90 unidades de análisis del grupo de control; con tendencia hacia $Mínimo = 7,00$.

Tabla N° 09: Nivel de aprendizaje de la multiplicación en Z al finalizar la
aplicación de la Yupana en los estudiantes de la Carrera Profesional de
Matemática y Física, UNHEVAL 2019 GC

ESTADÍGRAFOS	MÓDULO
Media	11,18
Mediana	10,00
Moda	8,00
Desviación estándar	3,24
Varianza de la muestra	10,51
Coeficiente de asimetría	0,43
Rango	12,00
Mínimo	6,00
Máximo	18,00
n	90,00

Fuente: Prueba de salida (PS)
Diseño: Los investigadores

Al finalizar la experiencia el grupo de control, sin la aplicación de la Yupana,
han mejorado su nivel de aprendizaje de la multiplicación en Z, dicha
mejora está indicado por la $Media\ =\ 11,18$.

El valor del $Coeficiente\ de\ asimetría\ =\ 0,43$ está configurando una
asimetría positiva; es decir, la mayoría de las unidades de análisis del
grupo de control tienen una tendencia muy marcada hacía el dato
$Mínimo\ =\ 6,00$.

Sin embargo, las medidas de dispersión con $Desviación\ estándar\ =\ 3,24$
indica una heterogeneidad entre los niveles de aprendizaje de la
multiplicación en Z.

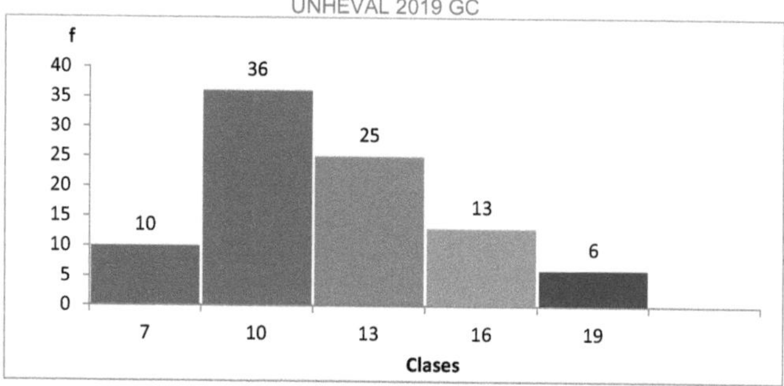

Gráfico N° 17: Nivel de aprendizaje de la multiplicación en Z al finalizar la aplicación de la Yupana en los estudiantes de la Carrera Profesional de Matemática y Física, UNHEVAL 2019 GC

Fuente: Prueba final (PF)
Diseño: Los investigadores

Finalmente, en el gráfico que antecede del grupo de control, se observa que el mayor apuntamiento está sobre la clase (7 – 10], y, de allí hacia la izquierda se ubican 46 de las 90 unidades de análisis del grupo de control, confirmando la asimetría positiva del gráfico.

CONTRASTE DEL QUINTO OBJETIVO ESPECÍFICO

El nivel de aprendizaje de la multiplicación en Z, es mejor con la aplicación de la Yupana en los estudiantes de la Carrera Profesional de Matemática y física; el grupo experimental, obtienen una $Media = 13,72$ comparativamente al grupo de control, que no recibieron la aplicación de la Yupana, $Media = 11,18$; la diferencia de mejora es de 2,54 puntos en promedio.

4.3. PRUEBA DE HIPÓTESIS
4.3.1. DATOS PARA LA PRUEBA DE HIPÓTESIS

Media	Varianza	Muestra	Nivel de confianza	Nivel de significancia	z crítica
$\mu_e = 13{,}72$ $\mu_c = 11{,}18$	$(\delta_e)^2 = 4{,}74$ $(\delta_c)^2 = 10{,}51$	$n_e = 57$ $n_c = 90$	95%	E = 5% Cola derecha	z = 1,96

4.3.2. FORMULACIÓN DE HIPÓTESIS

$$H_0: \mu_E \leq \mu_C$$
$$H_A: \mu_E > \mu_C$$

Ho: La aplicación de la Yupana no mejora el aprendizaje de la multiplicación de números enteros en los estudiantes de la Carrera Profesional de Matemática y Física, UNHEVAL 2019.

Ha: La aplicación de la Yupana mejora el aprendizaje de la multiplicación de números enteros en los estudiantes de la Carrera Profesional de Matemática y Física, UNHEVAL 2019.

4.3.3. DETERMINACIÓN DE LA PRUEBA
La hipótesis alterna o de investigación, indica que la prueba es unilateral de cola a la derecha, porque se trata de verificar solo una probabilidad. La prueba aplicada fue: diferencia de dos medias de grupos intactos.

4.3.4. NIVEL DE SIGNIFICACIA DE LA PRUEBA
Se asume un nivel de significancia del 5% para un nivel de confianza del 95%.

4.3.5. DETERMINACIÓN DE LA DISTRIBUCIÓN MUESTRAL
La distribución muestral adecuada al estudio es la distribución de diferencia de medias. Se emplea la distribución normal z para datos de 30 a más.

4.3.6. CÁLCULO DEL ESTADÍSTICO DE PRUEBA

Fórmula:
$$Z = \frac{\overline{\mu_e} - \overline{\mu_c}}{\sqrt{\dfrac{\delta_e^2}{n_e} - \dfrac{\delta_c^2}{n_c}}}$$

Reemplazando los datos en fórmula, se tiene:

$$z = \frac{13{,}72 - 11{,}18}{\sqrt{\dfrac{4{,}74}{57} + \dfrac{10{,}51}{90}}}$$

Luego el valor de la Z de prueba es: $Z = 5,68$

4.3.7. GRÁFICO

Gráfico N° 13

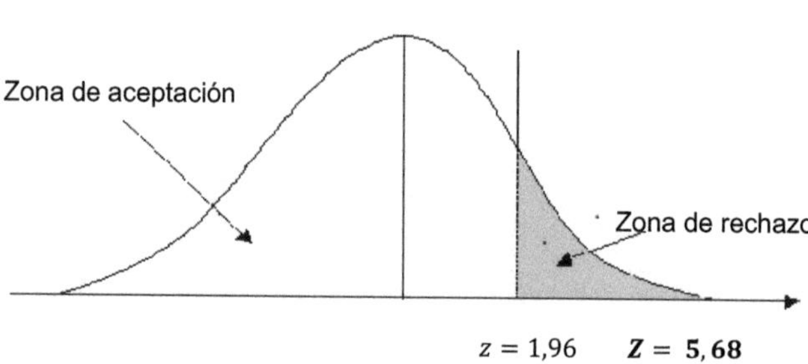

4.3.8. CONTRASTE DEL OBJETIVO GENERAL O HIPÓTESIS GENERAL

El valor calculado de $Z = 5,68$ se ubica a la derecha de $z = 1,96$; como puede apreciarse es en la zona de rechazo, por lo tanto, se rechaza la hipótesis nula y se acepta la hipótesis alterna; porque se tiene indicios suficientes que prueban que el aprendizaje de la multiplicación de números enteros, mejoró con la aplicación de la Yupana, en los estudiantes de la Carrera Profesional de Matemática y Física, UNHEVAL 2019.

______________ Capítulo **5**

DISCUSIÓN DE RESULTADOS

- ⊕ **Discusión de resultados**
- ⊕ **Conclusiones**
- ⊕ **Sugerencias**
- ⊕ **Bibliografía**

Capítulo **5**

5. DISCUSIÓN DE RESULTADOS

En el trabajo de campo, durante la aplicación de la Yupana en cuatro sesiones se logró que los estudiantes de la Carrera Profesional de Matemática y Física, mejoren en el nivel de aprendizaje de la multiplicación de números enteros; además, como ellos serán los futuros docentes de la especialidad se incentivan sobre el uso de materiales didácticos y la aplicación de otros materiales educativos sobre otros temas (Huamán & Ayquipa, 2011).

Es preciso que, al inicio de toda propuesta donde se ejecute cualquier innovación sea sobre la base de un diagnóstico; en este caso, la prueba de entrada cumplió con ese cometido. En promedio las unidades de análisis tenían $Media = 10,51$ de nivel de saberes previos, no eran las adecuadas, ya que ellos en los siguientes dos o tres años estarían en pleno ejercicio de la profesión, por lo que se tomó la decisión de dos sesiones de retroalimentación.

El aprendizaje en la actualidad es efectivo si la información que llega al estudiante es por el mayor número de sentidos; es decir, por los cinco sentidos básicos que se tiene, si fuese posible; en consecuencia, el desempeño del estudiante está en función directa a la manipulación de un material didáctico sobre un determinado tema y cuántos sentidos involucra el estudiante en su aprendizaje (Loret de Mola, 2011).

Al respecto Gómez (2011) dice: Medir el desempeño de los estudiantes antes y después y el efecto que tiene sobre ellos el proponer una estrategia didáctica que permita evidenciar con mayor fuerza si lo que se propone funciona.

Las mediciones se hacen mediante la aplicación de pruebas (PE, PP, PS) y el análisis, evaluación, interpretación y comparación de cada uno de las pruebas, ello permite controlar la pertinencia de cada propuesta que se haga durante el aprendizaje de los estudiantes.

En principio, el diseño de la prueba de entrada ayudó a identificar las falencias de las unidades de análisis sobre saberes previos respecto a la multiplicación de números enteros; en consecuencia, la finalidad de la retroalimentación fue elevar el nivel de saberes previos respecto al tema en estudio.

En este sentido, con la prueba de entrada sobre el grupo experimental, se consiguió diagnosticar que el nivel de saberes previos sobre la multiplicación de números enteros en los estudiantes de la Carrera Profesional de

Matemática y Física de la UNHEVAL 2019, estaba como Regular en la escala de calificación [00 – 20] con $Media = 10,51$. Era evidente que las pocas sesiones no ayudarían a recuperar casi el 50% de saberes previos; pero, ayudarían a mitigarlos.

Es debido a la dicho que la Yupana se propuso para el aprendizaje de la multiplicación de números enteros, debido a que es un material casero y de bajo costo que puede ser elaborado por el mismo estudiante, en coordinación y guía del docente (Ávila, 2012).

Para la elaboración de dicho material didáctico se usó un cuarto de cartulina de diferentes colores (según indicado en teorías básicas); cada cuarto de cartulina se les cortó verticalmente por columnas y se hicieron los intercambios entre estudiantes para obtener variedad de colores para cada uno de ellos, con ello se logró una cercana imitación de los quipus. El acto permitió obtener columnas móviles facilitando el uso de las columnas, únicamente de los números involucrados en las operaciones de multiplicación indicadas, ello facilito el proceso aprendizaje - enseñanza en los estudiantes de la Carrera Profesional de Matemática y Física.

El uso de los impresos móviles permitió la interacción grupal de las unidades de análisis, generándose un aprendizaje en grupo muy activamente en constante trabajo y discusión entre ellos. Los estudiantes fueron responsables en cuanto al manejo de tiempos y aprovechamiento de los espacios extra clase para resolver preguntas y otros vinculados con el desarrollo de las sesiones de aprendizaje (Muñoz, Ortega & Solarte, 2018).

Con la aplicación de la PP, a la mitad del uso de la Yupana como material didáctico, se consiguió que el nivel de aprendizaje de la multiplicación de números enteros durante el proceso de aplicación de la Yupana en los estudiantes de la Carrera Profesional de Matemática y Física de la UNHEVAL 2019 GE, empiecen a mejorar y llegaron a superar el mínimo aprobatorio en la escala de calificación $Media = 11,95$ con cierta amplitud.

Con la aplicación de la PS al final de la experiencia, se consiguió que el nivel de aprendizaje de la multiplicación de números enteros con aplicación de la Yupana en los estudiantes de la Carrera Profesional de Matemática y Física de la UNHEVAL, con $Media = 13,72$ se ubicara como bueno en la escala de calificación.

En este sentido, al finalizar las sesiones de aprendizaje los grupos presentaron sus informes y conclusiones que fueron socializados con todos los otros grupos, permitiendo aprendizajes complementarios, como dominio de escenario, expresión oral, y otros, entre las unidades de análisis.

El uso de la Yupana en la actualidad, hablando ecológicamente, sería una reutilización de una propuesta Inca para llevar las cuentas en eso tiempos, en la educación actual con pleno uso de las TIC y otros medios; al respecto, (Montalvo, 2012) dice que el concepto de reciclaje digital educativo, entendido como una forma de recuperar y transformar prácticas y recursos didácticos de otras épocas para introducirlos en un nuevo ciclo de vida más afín con las nuevas generaciones y avance tecnológico. En la actualidad ya se: sistematiza, analiza el proceso de creación, desarrolla y valida videojuegos matemáticos y otros inspirado en la Yupana o ábaco de los incas.

Es evidente que el estudio pone de manifiesto que el desarrollo científico-tecnológico se da sobre la observación de las regularidades que se dan en la naturaleza y lo que hicieron nuestros antecesores para vivir en armonía con la naturaleza y su entorno; es por ello, que se resalta la idea de un reciclaje digital educativo.

No se debe dejar de vista, que la globalización y la tecnología está fomentando, básicamente en los estudiantes, una atención de treinta segundos, es un tiempo no suficiente para un aprendizaje formal; en este sentido la aplicación de los materiales didácticos es volver a los estudiantes a la atención sobre el tema tratado mucho más tiempo, creemos que es una estrategia adecuada para el momento de transición que se vive, en el que todavía se puede ver el futuro sin perder de vista el pasado.

El problema en educación son los niveles de aprendizaje en las diferentes especialidades, y el aprendizaje de la matemática no es ajeno a esta problemática; debido a ello, se propuso el uso de la Yupana para que los estudiantes de la Carrera Profesional de Matemática y Física, aprendan con mayor facilidad aprovechando la novedad en la forma del material didáctico propuesto en el estudio; es decir el aprendizaje de la multiplicación de los números enteros es de manera lúdica, tratando de hacer participar en el aprendizaje del estudiante la mayor cantidad de sentidos posibles.

El hecho que los docentes egresados propongan estilos de aprendizaje que encajan en el constructivismo, producidos por la actividad misma del estudiante y con la actitud mediadora del docente, es la que deben incentivarse en el sistema educativo peruano, para lograr su continuidad.

En la formación profesional, la didáctica general y la especializada son las asignaturas que forman a los docentes de todos los niveles educativos en los fundamentos teóricos y metodológicos de cómo abordar el desarrollo de esta área en los estudiantes, puede ser centrada en el juego o uso de materiales didácticos u otros, como medios para poder asimilar los conceptos y aplicaciones prácticas fundamentales de la matemática (Quipuscoa, 2013).

Como producto final de la investigación se consiguió que el nivel de aprendizaje de la multiplicación en Z, comparando entre el antes y después de la aplicación de la Yupana, tuviera una mejora de 3,21 puntos en promedio.

De la misma forma se hizo una comparación cruzada entre el GE y el GC, obteniéndose una mejora en el primer grupo de 2,54 puntos en promedio. La diferencia evidencia la efectividad de la Yupana y la forma cómo se aplicó en el nivel de aprendizaje de la multiplicación en Z en los estudiantes de la Carrera Profesional de Matemática y física.

Finalmente el valor calculado de $Z = 5,68$ se ubica a la derecha de $z = 1,96$; como puede apreciarse es en la zona de rechazo, por lo tanto, se rechaza la hipótesis nula y se acepta la hipótesis alterna; porque se tiene indicios suficientes que prueban que el aprendizaje de la multiplicación de números enteros, mejoró con la aplicación de la Yupana, en los estudiantes de la Carrera Profesional de Matemática y Física, UNHEVAL 2019.

6. CONCLUSIONES

- El análisis descriptivo del nivel de saberes previos sobre dominio y rango de funciones de los estudiantes de la especialidad de matemática y física eran REGULARES en su mayoría.

- El análisis descriptivo del nivel de aprendizaje de dominio y rango de funciones de los estudiantes de la especialidad de matemática y física pasaron a ser BUENAS durante la aplicación del método gráfico.

- El análisis descriptivo del nivel de aprendizaje de dominio y rango de funciones de los estudiantes de la especialidad de matemática y física quedaron como BUENAS al finalizar la aplicación del método gráfico, con una ligera tendencia hacia la clase Muy Buena.

- El análisis descriptivo del nivel de aprendizaje de dominio y rango de funciones de los estudiantes de la especialidad de matemática y física indican que de Media = 11,33 pasaron a Media = 14,49; es decir, se tuvo una mejora de 3,16 puntos en promedio, mostrándose que la aplicación del método gráfico es efectiva para el aprendizaje de dominio y rango de funciones.

- El análisis descriptivo del nivel de aprendizaje de dominio y rango de funciones de los estudiantes de la especialidad de matemática y física al finalizar la aplicación del método gráfico, indica una Media = 14,49 para el grupo experimental; también indica una Media = 11,72 del grupo de control; es decir, hay una diferencia de 2,77 puntos en promedio, mostrándose que la aplicación del método gráfico es efectiva para el aprendizaje de dominio y rango de funciones.

- Respecto a la hipótesis alterna se concluye: Se tiene indicios suficientes que prueban que el aprendizaje de dominio y rango de funciones mejoran con la aplicación del método gráfico en los estudiantes de la especialidad de matemática y física de la UNHEVAL – 2014.

7.   SUGERENCIAS

- Se sugiere hacer el análisis descriptivo del nivel de saberes previos sobre dominio y rango de funciones de los alumnos de la especialidad de matemática y física porque permite diagnosticarlos.

- Se sugiere medir el nivel de aprendizaje de dominio y rango de funciones de los alumnos de la especialidad de matemática y física, lo cual permite saber si la aplicación del método gráfico es efectiva o no.

- Se sugiere medir el nivel de aprendizaje de dominio y rango de funciones de los alumnos de la especialidad de matemática y física al finalizar la aplicación del método gráfico, permite comparar y establecer diferencias entre niveles de aprendizaje del grupo experimental y grupo de control.

- Se sugiere comparar el nivel de aprendizaje de dominio y rango de funciones inicial y final, de los alumnos de la especialidad de matemática y física, porque permite evaluar el nivel de efectividad de la alternativa de solución propuesta en la investigación para el grupo experimental.

- Se sugiere comparar el nivel de aprendizaje de dominio y rango de funciones finales, de los alumnos de la especialidad de matemática y física, porque permite evaluar el nivel de efectividad de la alternativa de solución propuesta en la investigación, entre el grupo experimental y grupo de control.

- Se sugiere realizar prueba de hipótesis porque permite hallar los indicios suficientes que prueban que el aprendizaje de dominio y rango de funciones mejoran con la aplicación del método gráfico en los alumnos de la especialidad de matemática y física de la UNHEVAL, con ello se prueba la hipótesis de investigación propuesta.

8. REFERENCIAS BIBLIOGRÁFICAS

Aquino, W.K., Carlos, N. & Soto, E. (2017). El geoplano y el aprendizaje de regiones poligonales en los alumnos del cuarto año de la I. E. Cesar Vallejo – 2016. Tesis. UNHEVAL. Huánuco. Perú.

Ávila, L. R. (2012). El material didáctico y su incidencia en el aprendizaje de los estudiantes. Disponible en: http://192.188.51.77/bitstream/123456789/3134/1/53200_1.pdf

Barrera, M. C. (2013). Estrategias metodológicas y su incidencia en el aprendizaje de las tablas de multiplicar en los niños/as de quinto grado paralelo A de educación básica del centro de educación general básica Manuela Espejo del Cantón Ambato provincia de Tungurahua. Disponible en: https://repositorio.uta.edu.ec/bitstream/123456789/5810/1/T.S.S%20GRADO%20FINALDT.pdf

Calero, M. (2000). Metodología Activa para aprender y Enseñar mejor. Primera Edición. Editorial: San Marcos. Lima. Perú.

Dueñas, L.A.M., Escobal, R.A. & Mejía, M.R. (2016). El puzzle hexagonal y el aprendizaje de las expresiones algebraicas en los alumnos del Colegio Nacional de Aplicación UNHEVAL–2016. Tesis. UNHEVAL. Huánuco. Perú.

Estrada, E. M. & Zavaleta, L. C. (2012). Programa de matemática recreativa "Matemática kids" para desarrollar la noción de numeral en los niños de 5 años de la I. E. N° 1678 Josefina Pinillos de Larco de la ciudad de Trujillo en el año 2012. Trujillo. Perú.

Fermoso, P. Ponciano. (1976). Teoría de la educación. España. Editorial. CEAC. España.

Fernández, C. R. & Jara, Z. D. (2014). Influencia del pensamiento divergente basado en juegos recreativos, mejora el aprendizaje del área de matemática en los educandos del tercer grado de educación primaria de la Institución Educativa Pedro Mercedes Ureña de la ciudad de Trujillo, en el año 2011. Trujillo. Perú.

Gamboa, R. (2014). Relación entre la dimensión afectiva y el aprendizaje de las matemáticas. Educare vol. 18 n. 2 Heredia. Disponible en: https://www.scielo.sa.cr/scielo.php?script=sci_arttext&pid=S1409-42582014000200006

González, J. L. & Niss, S. (2004). Competencias básicas en educación matemática. Didáctica de la matemática. Málaga. España. Disponible en: http://88.12.10.114/mochila/sec/monograficos_sec/ccbb_ceppriego/mates/aspgenerales/Competencias_basicas_en_Educacion_Matematica%20Gonzalez%20Mari.pdf

Hernández, R & Otros. (2006). Metodología de la Investigación Científica. Editorial McGraw-Hill. México D. F.

Huamán, L. J. & Ayquipa, G. (2011). Uso del modelo de fichas en el plano como material didáctico en el aprendizaje de las operaciones básicas de números enteros en estudiantes de primer grado de secundaria de la I. E. Villa Gloria de Abancay. Disponible en: http://repositorio.unamba.edu.pe/bitstream/handle/UNAMBA/406/T_0226.pdf?sequence=1

Loret de Mola, J. E. (2011). Estilos y estrategias de aprendizaje en el rendimiento académico de los estudiantes de la Universidad Peruana "Los Andes" de Huancayo – Perú. Revista Estilos de Aprendizaje, N° 8. Vol 8. Disponible en: http://www.somosjovenes.cu/sites/default/files/edicion.pdf

Luna, V. M. & Matos, A. A. (2016). Nivel de dominio de la competencia matemática en estudiantes universitarios de la Carrera de Educación Secundaria de la Universidad Nacional de Trujillo. Perú.

Malpartida, J.J., Meramendi, L.L., & Meza, R.B. (2016). La yupana y el aprendizaje de la multiplicación de números enteros en los alumnos del primer grado de educación secundaria de la I. E. Illathupa – Huánuco – 2016. Tesis. UNHEVAL. Huánuco. Perú.

Medrano, J. E: (2016). Método de resolución de problemas y formación de competencias en el área de matemática, en los estudiantes del cuarto grado de educación secundaria de la Institución Educativa Industrial Hermilio Valdizán, Huánuco. Perú.

Micelli, M. L. & Crespo, C. R. (2012). Ábacos de América Prehispánica. Revista Latinoamericana de Etnomatemática. 5(1). 159-190.

Montalvo, Jorge. (2012). Educational digital recycling: Design of videogame based on Inca abacus". Instituto de Investigación Científica-IDIC. Universidad de Lima. Disponible en: http://www.intechopen.com/books/interactive-multimedia/educational-digital-recycling-design-of-vidieogame-based-on-inca-abacus-

Muñoz, V., Ortega, D. & Solarte, O. (2018). Aprendizaje de la adición con números enteros a través de prácticas matemáticas lúdicas con los estudiantes del grado séptimo de la institución educativa nuestra señora de Belén. Disponible en: http://repositorio.unicauca.edu.co:8080/bitstream/handle/123456789/516/APRENDIZAJE%20DE%20LA%20ADICI%C3%93N%20CON%20N%C3%9AMEROS%20ENTEROS%20A%20TRAV%C3%89S%20DE%20PR%C3%81CTICAS%20MATEM%C3%81TICAS%20L%C3%9ADICAS%20CON%20LOS%20ESTUDIANTES%20DEL%20GRADO%20S%C3%89PTIMO%20DE%20LA%20INSTITUCI%C3%93N%20EDUCATIVA%20NUESTRA%20SE%C3%91ORA%20DE%20BEL%C3%89N.pdf?sequence=1&isAllowed=y

Polo, S. L. & Sebastián, D. R. (2016). Influencia del programa comprensión matemática basado en el método Polya para mejorar la resolución de problemas en las cuatro operaciones básicas en los alumnos de cuarto grado de la I. E. N° 80006 Nuevo Perú Urbanización Palermo, Trujillo 2015. Trujillo. Perú.

Paragua, M. (2014). Investigación Científica. Educación Ambiental con Análisis Estadístico. ISBN: 978-3-659-02288-3. Editorial Académica Española.

Paragua, M. (2012). Investigación Científica Aplicada a la Educación Ambiental con Análisis Estadístico. ISBN: 978-9972-602-73-3. Editado por Sociedad Geográfica de Lima. Primera Edición. Ibegraf. Lima.

Paragua, M. y Otros. (2008). Investigación Educativa. ISNB: 978-603-45181-0-0. JTP Editores E. I. R. L. Huánuco. Perú.

Paragua, M. & Rojas, A. (2001). Posicionamiento de los centros educativos. Depósito Legal: 1001012003-3291. Delta Editores. Huánuco. Perú.

Paragua, M. & et al. (2008). Investigación Educativa. JTP Editores E I R L. Huánuco. Perú.

Paragua, M. & Otros. (2017). Derivada por definición. Método cuatro pasos. Editorial Académica Española. ISBN 9786202257657.

Poblete, R. A. (2015). Poblete Muñoz, R. A. (2015). Habilidades del pensamiento en el siglo XXI con el uso de TIC para el aprendizaje de matemática. Disponible en: http://repositorio.uchile.cl/bitstream/handle/2250/142159/TESIS,%20RO NALD%20POBLETE,%20ALUMNO%20MAG.EN%20EDUCACI%C3%9 3N%20MENCI%C3%93N%20INFORM%C3%81TICA%20EDUCA TIVA.pdf?sequence=1

Quispe, M. A. (2017). Actitudes hacia el aprendizaje de la matemática, habilidades lógico matemáticas y los intereses para su enseñanza, en estudiantes de una Universidad Particular de Lima. Perú.

Quipuscoa, M. (2013). Una alternativa para la enseñanza de la didáctica de la matemática desde una experiencia activa-reflexiva-contextualizada. Vol. 1, núm. 01. Disponible en: http://revistas.unitru.edu.pe/index.php/RSW/article/view/258

Radicati Di Primeglio, C. (1950). (1950). El sistema contable de las Incas. Yupana y Quipu. Sociedad Peruana de Historia. Librería Studium. Disponible en: http://sisbib.unmsm.edu.pe/bibvirtualdata/libros/2008/estud_quipu /cap03.pdf

Santillán, S., Mariano, Z.E., & Santos, L. (2017) desarrollan la tesis: software GeoGebra y el aprendizaje de la gráfica de funciones algebraicas en los alumnos del cuarto grado de educación secundaria del Colegio Nacional de Aplicación de la UNHEVAL. Huánuco. Perú.

Vásquez, M. M. (2010). Efecto del programa "Matemática para todos" en el logro de aprendizajes en matemática de alumnos de Primaria – Ventanilla. Lima. Perú.

Wakeford, R. (1976). Métodos didácticos para un aprendizaje eficaz. Primera Edición. Editorial. Publicación Científica. Washington. E.U.A.

ANEXO

CASO 1:
Corresponde al proyecto de tesis presentado por el Dr. Melecio Paragua Morales a la Dirección Universitaria de Investigación de la UNHEVAL – 2017.

UNIVERSIDAD NACIONAL HERMILIO VALDIZÁN

FACULTAD DE CIENCIAS DE LA EDUCACIÓN

CARRERA PROFESIONAL DE MATEMÁTICA Y FÍSICA

PROYECTO DE INVESTIGACIÓN

Sumas y restas y el desarrollo del cálculo mental en estudiantes de la Carrera Profesional de Matemática y Física - UNHEVAL-2017

AUTOR: PARAGUA MORALES, MELECIO

COLABORADORES:

- Paragua Macuri, Carlos Alberto

- Paragua Macuri, Melissa Gabriela

Huánuco – Perú

1. EL PROBLEMA DE INVESTIGACIÓN
1.1. Descripción del problema.

En la Carrera Profesional de Matemática y Física se ha observado que los futuros docentes, tienen dificultades en el dominio de las operaciones básicas, en cualquier circunstancia y el nivel de ejercicio o problema que tienen al frente, siempre recurren a la calculadora; ese comportamiento lo muestran desde los inicios de su educación.

Al respecto UNICEF (2007), manifiesta que: "Cada ciclo de la Carrera primaria tiene propósitos y rasgos característicos, que son objeto de trabajo para los docentes, en función de la elaboración de un proyecto compartido institucionalmente y que favorezca la articulación entre años y ciclos. (...), el primer ciclo debe garantizar una enseñanza de los números, las operaciones y el tratamiento de la información que permita a los niños y niñas: la elaboración de estrategias personales para la resolución de situaciones problemáticas; la comunicación de los procedimientos utilizados y resultados obtenidos (...); el control de los resultados obtenidos (...); en la resolución de situaciones problemáticas; (...)".

Todo ello permite a los estudiantes a iniciarse en la comprensión del sistema de numeración; por lo tanto, la utilización, la construcción del sentido de las operaciones básicas y, dentro de ellas, la identificación de estrategias de cálculo y distintas operaciones que permiten resolver un mismo problema, fundamenta el desarrollo del cálculo mental en ellos; luego, utilizarán y elaborarán diferentes estrategias de cálculo mental, entendiendo el algoritmo de la suma, resta, multiplicación y la división.

El sistema educativo peruano está diseñado para llevar a los usuarios de la educación primaria a una automatización en el uso y aplicación de los algoritmos de las operaciones básicas, primero, y luego, en todos los temas y grados en que se puedan usar. Por ejemplo, una primera estrategia de aprendizaje de las operaciones básicas es recitando las tablas, al menos en la educación pública es muy aplicada masivamente.

En la educación privada la recitación es cantando y con la ayuda de algunas mnemotecnias que también es incluida en el canto; se agrega a esto, la educación personalizada en lo posible, dependiendo del número de estudiantes en el aula. Los docentes actuales aprendieron así y cuando son docentes titulados de matemática, el ejercicio profesional lo hacen de la misma forma como ellos se hicieron; no existe o no han desarrollado la capacidad de innovación. En la UNHEVAL, en la mayoría de facultades, se dice que se aplica el currículo por competencias; sin embargo, los docentes aún no han entendido conceptualmente qué es, y algo que se desconoce no se puede manipular y menos aplicar; por lo que aún se enseña y se evalúa conductistamente.

Un ejemplo ante lo dicho de UNICEF (2007), es lo siguiente: "(...), ante la resolución de la resta 34 – 26, muchos niños y niñas cometen el error de restar "el mayor menos el menor": 3 – 2 = 1 y 6 – 4 = 2, obteniendo como resultado de la operación 12, y se pierde de vista que la resta consiste en restar todas las cantidades del minuendo (menos) del sustraendo".

Aquí el estudiante no cometió error alguno, es más, entendió literalmente a su profesor de matemática: *en la resta es el mayor menos el menor*, este concepto es adaptado por el niño o la niña en el caso de la cita; la información del docente debe haber enfatizado: el minuendo menos el sustraendo.

En el estudio se espera el compromiso de los estudiantes de la Carrera Profesional de Matemática y Física, de aprender la Matemática de tal forma que le permita un ejercicio profesional innovador; lo dicho permite formular la siguiente interrogante.

1.2. Formulación del problema

1.2.1. Problema general

¿En qué medida la aplicación de sumas y restas mejorará el desarrollo del cálculo mental en estudiantes de la Carrera Profesional de Matemática y Física - UNHEVAL-2017?

1.2.2. Problemas específicos

- ¿Cuál es el nivel inicial de desarrollo, respecto al cálculo mental en estudiantes de la carrera profesional de Matemática y Física - UNHEVAL-2017?
- ¿Cuál es el nivel de desarrollo del cálculo mental durante la aplicación de sumas y restas en estudiantes de la Carrera Profesional de Matemática y Física - UNHEVAL-2017?
- ¿Cuál es el nivel de desarrollo del cálculo mental al finalizar la aplicación de sumas y restas en estudiantes de la Carrera Profesional de Matemática y Física - UNHEVAL-2017?
- ¿Cuál es el nivel de desarrollo del cálculo mental antes y después de la aplicación de sumas y restas en estudiantes de la Carrera Profesional de Matemática y Física - UNHEVAL-2017?
- ¿Cuál es el nivel de desarrollo del cálculo mental con y sin la aplicación de sumas y restas en estudiantes de la Carrera Profesional de Matemática y Física - UNHEVAL-2017?

1.3. Objetivos

1.3.1. Objetivo general

Probar que la aplicación de sumas y restas mejorará el desarrollo del cálculo mental en estudiantes de la Carrera Profesional de Matemática y Física - UNHEVAL-2017

1.3.2. Objetivos específicos

- Determinar el nivel inicial de desarrollo respecto al cálculo mental en estudiantes de la Carrera Profesional de Matemática y Física - UNHEVAL-2017.
- Determinar el nivel de desarrollo del cálculo mental durante la aplicación de sumas y restas en estudiantes de la Carrera Profesional de Matemática y Física - UNHEVAL-2017.
- Determinar el nivel de desarrollo del cálculo mental al finalizar la aplicación de sumas y restas en estudiantes de la Carrera Profesional de Matemática y Física - UNHEVAL-2017.
- Comparar, analizar y evaluar el nivel de desarrollo del cálculo mental antes y después de la aplicación de sumas y restas en estudiantes de la Carrera Profesional de Matemática y Física - UNHEVAL-2017.
- Comparar, analizar y evaluar el nivel de desarrollo del cálculo mental con y sin la aplicación de sumas y restas en estudiantes de la Carrera Profesional de Matemática y Física - UNHEVAL-2017.

1.4. HIPÓTESIS

1.4.1. Hipótesis General

Ho: La aplicación de sumas y restas no mejorará el desarrollo del cálculo mental en estudiantes de la Carrera Profesional de Matemática y Física - UNHEVAL-2017.

Ha: La aplicación de sumas y restas mejorará el desarrollo del cálculo mental en estudiantes de la Carrera Profesional de Matemática y Física - UNHEVAL-2017.

1.5. VARIABLE

1.5.1. Variable Independiente:

Sumas y restas.

1.5.2. Variable Dependiente:

Desarrollo del cálculo mental.

1.6. JUSTIFICACIÓN E IMPORTANCIA

El desarrollo del cálculo mental en los estudiantes desde temprana edad es muy importante; sin embargo, ante cualquier falencia, tratar de corregirlo en lo formación profesional justifica la aplicación de la estrategia propuesta en la UNHEVAL; ello es importante para los estudiantes de la Carrera Profesional de Matemática y Física, quienes a su vez desarrollarán su capacidad de análisis con el uso y aplicación de las propiedades, teoremas y axiomas que respaldan a los temas matemáticos propuestos; se espera que todo ello llevado a la aplicación práctica, permitirá al estudiante una sólida formación profesional y una y rápida adaptación al ejercicio profesional.

La importancia del nivel de desarrollo del cálculo mental con la aplicación de sumas y restas, es que se determinará mediante una investigación las ventajas de la aplicación *in situ* durante la mencionada propuesta; es importante entender que es un conocimiento producto de una investigación y, como tal, es recreable en cualquier otro entorno con una ligera contextualización de los instrumentos de recolección de datos.

1.7. VIABILIDAD

El estudio es viable porque se contará con el manejo de la muestra que serán los estudiantes de la Carrera Profesional de Matemática y Física, donde labora el autor de la investigación.

1.8. DELIMITACIÓN

La investigación se realizará con los estudiantes de la Carrera Profesional de Matemática y Física durante el año académico 2017.

2.   MARCO TEÓRICO

2.1.   ANTECEDENTES

- Paragua, M. y otros, (2016) en la investigación: Los cuatro pasos para determinar $f'(x)$ y el aprendizaje del cálculo de la derivada en alumnos de la Carrera Profesional de Matemática y Física de la UNHEVAL-2016, se propusieron mejorar el nivel de aprendizaje del cálculo de la derivada por definición, aplicando los cuatro pasos para determinar $f'(x)$, para ello desarrollaron una investigación de tipo explicativo y diseño cuasi experimental, con un grupo experimental y otro de control, con estudiantes de la especialidad de Matemática y Física de la UNHEVAL. Con la finalidad de mejorar el nivel de la investigación ensayaron una prueba de hipótesis de diferencia de dos medias; donde, el valor Z de Prueba = 7,09 se ubica a la derecha de z crítica = 1,96, que es la zona de rechazo; por lo tanto, rechazaron la hipótesis nula y aceptaron la hipótesis alternativa; probando que la aplicación de los cuatro pasos para determinar $f'(x)$ mejoró el cálculo de la derivada en los estudiantes de la Carrera Profesional de Matemática y Física de la UNHEVAL 2016.

- Paragua, M. y otros, (2015) en la investigación: El criterio de la primera y segunda derivada y el aprendizaje de la gráfica de funciones en alumnos de la Carrera Profesional de Matemática y Física de la UNHEVAL – 2015, se propusieron mejorar el nivel de aprendizaje de la gráfica de funciones aplicando el criterio de la primera y segunda derivada, para la cual desarrollaron una investigación de tipo explicativo y diseño cuasi experimental, con un grupo experimental y otro de control, con alumnos de la especialidad de Matemática y Física de la UNHEVAL. Con la finalidad de mejorar el nivel de la investigación ensayaron una prueba de hipótesis de deferencia de dos medias, donde el valor Z de Prueba = 7,09 se ubica a la derecha de z crítica = 1,96, que es la zona de rechazo; por lo tanto, se rechaza la hipótesis nula y se acepta la hipótesis alternativa; entonces manifiestan que se ha probado que el uso del criterio de la primera y segunda derivada como método mejora el nivel de aprendizaje de la gráfica de funciones en los estudiantes de la Carrera Profesional de Matemática y Física de la UNHEVAL 2015.

- Paragua, M. y otros. (2014), en la investigación: El método gráfico y el aprendizaje del dominio y rango de funciones en estudiantes de la Carrera Profesional de Matemática y Física de la UNHEVAL-2014, se propusieron mejorar el nivel de aprendizaje del dominio y rango de funciones aplicando el método gráfico, para la cual desarrollaron una investigación de tipo explicativo y diseño cuasi experimental, con un grupo experimenta y otro de control, con alumnos de la especialidad de Matemática y Física de la UNHEVAL. Con la finalidad de mejorar el nivel de la investigación ensayaron una prueba de hipótesis de deferencia de dos medias, donde el valor Z de Prueba = 7,47 se ubica a la derecha de z crítica = 1,96, que es la zona de rechazo; por lo tanto, se rechaza la hipótesis nula y se acepta la hipótesis alternativa; entonces manifiestan que se ha probado que el uso del método gráfico mejora el nivel de aprendizaje del dominio y rango de funciones en los alumnos de la especialidad de matemática y física de la UNHEVAL 2014.

- Paragua, M. y Torres, N. (2013), en la investigación: Estandarización de nomenclaturas y sumillas y el aprendizaje de la estadística aplicada en la Carrera de postgrado UNHEVAL – 2013, se propusieron mejorar el nivel de aprendizaje de la estadística aplicada a través de la estandarización de nomenclaturas y sumillas, para la cual desarrollaron una investigación de tipo explicativo y diseño cuasi experimental, con un grupo experimenta y otro de control, con alumnos de la Carrera de Postgrado de la UNHEVAL. Con la finalidad de mejorar el nivel de la investigación ensayaron una prueba de hipótesis de deferencia de dos medias, donde el valor Z de Prueba = 3,72 se ubica a la derecha de z crítica = 1,96, que es la zona de rechazo; por lo tanto, se rechaza la hipótesis nula y se acepta la hipótesis alternativa; es decir, se tiene indicios suficientes que prueban que la estandarización de nomenclaturas y sumillas mejora el nivel de aprendizaje de la Estadística en la Carrera de Postgrado. UNHEVAL – 2013.

2.2.   BASES TEÓRICAS

2.2.1.   PROCESO ENSEÑANZA – APRENDIZAJE DE LA MATEMÁTICA

El proceso enseñanza-aprendizaje de la Matemática resulta de suma importancia para el desarrollo de la humanidad, es debido a ello que siempre hay movimientos de renovación en la educación matemática, impulsado por metodólogos y matemáticos, quienes proponen proyectos de renovación de la enseñanza media. La educación matemática ha sido escenario de cambios muy profundos, precisamente en el proceso enseñanza-aprendizaje de la Matemática, gracias a los esfuerzos de la comunidad internacional de expertos en didáctica, quienes siguen realizando estudios por encontrar moldes adecuados que mejoren los niveles de aprendizaje de la ciencia matemática.

La didáctica de la matemática significa la organización de los procesos de enseñanza y aprendizaje relevantes para tal materia, en consecuencia, los didactas son organizadores, desarrolladores de la educación, son autores de libros de texto, son profesores de toda clase, son expertos en crearles a los estudiantes escenarios adecuados para que generen aprendizajes divirtiéndose, con el menor esfuerzo posible y con el máximo rendimiento.

En el proceso aprendizaje-enseñanza están involucrados en procesos mentales muy complejos, en este sentido, se procura comprender las estructuras mentales de los alumnos, precisamente en el momento de generar aprendizajes, dicha comprensión, pueden ayudar a conocer mejor los modos en que el pensamiento y el aprendizaje tienen lugar; esto es lo que se pretende hacer con la aplicación de sumas y restas en los estudiantes de la Carrera Profesional de Matemática y Física. Los problemas que se presentan en la didáctica de las matemáticas produce dos reacciones extremas: la primera, los que afirman que la didáctica de la matemática no puede llegar a ser un campo con fundamentación científica y, como tal, la enseñanza de la matemática es esencialmente un arte; la segunda, los que afirman que la existencia de la didáctica matemática como ciencia, tiene objeto de estudio.

La didáctica como actividad general ha tenido un amplio desarrollo en la actualidad; sin embargo, persiste la lucha entre el idealista (conductismo), que se inclina por potenciar la comprensión mediante una visión amplia de la matemática, y el práctico, que clama por el restablecimiento de las técnicas básicas en interés de la eficiencia y economía en el aprendizaje. Dichas posturas priman también en los grupos de investigadores, innovadores, así como en los profesores de matemáticas de los diferentes niveles educativos.

En el sistema educativo peruano las matemáticas siguen desarrollándose en el marco de una enseñanza de tipo tradicional (conductista), y ante la necesidad de transmitir la mayor cantidad de contenidos, se está relegando la participación activa del estudiante, en desmedro de una adecuada generación del aprendizaje significativo.

2.3. DEFINICIÓN CONCEPTUAL DE TÉRMINOS

- **Aprendizaje cognitivo**
  Para esta teoría, la esencia del conocimiento es la estructura: elementos de información conectados por relaciones, que forman un todo organizado y significativo.

  Los estudiantes construyen su comprensión de la matemática con lentitud, comprendiendo poco a poco, en consecuencia, la comprensión y el aprendizaje significativo dependen de la preparación individual.

- **Aprendizaje**
  Es el proceso mediante el cual una persona adquiere destrezas o habilidades practicas (motoras e intelectuales), incorpora contenidos informativos o adopta nuevas estrategias de conocimiento.

  El aprendizaje como un fenómeno en virtud del cual se producen cambios en la manera de responder del individuo a consecuencia de su individualidad del común denominador que comparte con los demás, tomando en cuenta las experiencias y oportunidades a consecuencia del contacto con el medio ambiente a través de las cuales recibimos estímulos que condicionan nuestra forma de actuar.

- **Aprendizaje significativo en la matemática**
  Es el aprendizaje con significado, comprensión, retención, capacidad de transferencia y porque el conocimiento se centra en relacionar los aprendizajes previos con la nueva información.

  Además, genera más disposición para nuevos aprendizajes significativos y las ideas se relacionan con una nueva imagen, un símbolo, un concepto o una proposición en su estructura cognoscitiva del estudiante.

- **Cálculo Mental**
  Es una parte fundamental de las matemáticas. La enseñanza del cálculo mental pone énfasis en la práctica repetida de operaciones para lograr resolverlas lo más rápido posible, sin el uso de lápiz y papel, sino mentalmente.

- **Resta**
  Operación aritmética que consiste en quitar una cantidad llamada sustraendo, de otra llamada minuendo. El resultado se llama diferencia. El operador es el signo – que se lee menos

- **Suma**
  Es una operación aritmética que consiste en reunir varias cantidades en una sola. Su operador es el signo **+** que se lee *más*. Las cantidades que se suman se llaman sumandos y el resultado se le llama suma. El sinónimo es la adición.

3. MATERIALES Y MÉTODOS

3.2. TIPO DE INVESTIGACIÓN

Según Paragua (2014) y Hernández (2010) la investigación será del tipo explicativo, porque durante el proceso de la investigación se manipulará la variable independiente con la finalidad de inducir el desarrollo del cálculo mental en los estudiantes de la Carrera Profesional de Matemática y Física.

3.3. DISEÑO Y ESQUEMA DE INVESTIGACIÓN

Según Paragua (2008) la investigación es un estudio cuasi experimental porque se trabaja con dos grupos: un grupo experimental (GE) y otro grupo de control (GC).

El esquema del diseño es el siguiente:

```
GE: O1--------------------x----------------O2---------------x------------O3
GC: O1---------------------------------------O2----------------------------------O3
```

Leyenda
GE = grupo experimental
GC = grupo de control
O1 = observación inicial
O2 = observación de proceso
O3 = observación final
X = tratamiento

3.4. POBLACIÓN Y MUESTRA

3.4.1. POBLACIÓN

La población de estudio lo constituyen todos los estudiantes de la Carrera Profesional de Matemática y Física, distribuidos de la siguiente maneara:

Tabla N° 01. Población de estudiantes de la Carrera Profesional de Matemática y Física-UNHEVAL – 2017.

Secciones	Número de Alumnos	
	Grupo Experimental	Grupo de Control
Primero		25
Segundo		15
Tercero	20	
Cuarto		12
Quinto	12	
TOTAL	32	52

Fuente: Nomina de matrícula - 2017.
Elaboración: Los investigadores.

3.4.2. MUESTRA

La muestra para el estudio es no aleatoria, se tomará a los estudiantes del tercero y quinto como grupo experimental, donde el investigador tiene a su cargo la asignatura de Metodología de la Investigación Científica, Formulación de Proyectos de Investigación Educativa y Tesis I y II, respectivamente; ello permitirá tener control sobre la muestra. Dicha distribución es de la siguiente manera:

Tabla N° 02. Muestra de estudiantes de la Carrera Profesional de Matemática y Física-UNHEVAL – 2017.

Secciones	Número de Alumnos	
	Grupo Experimental	Grupo de Control
Primero		25
Segundo		15
Tercero	20	
Cuarto		12
Quinto	12	
TOTAL	32	52

Fuente: Nomina de matrícula - 2017.
Elaboración: Los investigadores

3.5. INSTRUMENTOS DE RECOLECCIÓN DE DATOS

PRUEBAS DE EVALUACIÓN ESCRITA, son pruebas escritas que se aplicarán durante el tiempo que dure la investigación, con la denominación de prueba de entrada (PE), prueba de proceso (PP) y prueba final (PF). Cada una con 10 preguntas, cuya calificación se hará en la escala de 0 a 20 puntos.

El primero de carácter diagnóstico y, como tal, las preguntas en ese sentido. La segunda prueba proporcionará datos relacionados a la aplicación de sumas y restas, y la tercera prueba permitirá opinar sobre el comportamiento grupal respecto al nivel de desarrollo del cálculo mental en los alumnos de la Carrera Profesional de Matemática y Física de la UNHEVAL, durante el año académico 2017.

3.6. TÉCNICAS DE PROCESAMIENTO DE DATOS

Para el procesamiento y análisis de los datos obtenidos se usará: la Estadística Aplicada, enfatizando en las medidas de tendencia central y las de dispersión, para poder interpretar el comportamiento del grupo experimental respecto al nivel de desarrollo del cálculo mental con la aplicación de sumas y restas en los alumnos de la Carrera Profesional de Matemática y Física. Se hará una prueba de hipótesis de diferencia de dos medias, con la distribución normal z.

4. CRONOGRAMA DE ACTIVIDADES

ACTIVIDADES	2017			
	E-M	A-J	J-S	O-D
Formulación del proyecto de investigación.	x - -			
Presentación, reajuste y aprobación.	x - -			
Revisión de la bibliografía.	xxx	xxx	xxx	xxx
Aplicación prueba de entrada.		x - -		
Aplicación de la prueba de proceso.		- x -		
Aplicación de la prueba final.		- - x		
Análisis y procesamiento de los datos.		xxx	xxx	
Redacción y corrección del informe final			-xx	xxx
Levantamiento de cargos.				--x
Presentación y sustentación del informe final				--x

5. ASIGNACION DE RECURSOS HUMANOS

Un investigador, docente PDE de la Carrera Profesional de Matemática y Física:

- Melecio Paragua Morales

Colaboradores profesionales de diferentes carreras y universidades, tal como se indica en la relación:

Apellidos y Nombres	Grado	DNI
Paragua Macuri, Carlos Alberto	Ph.D en Ciencias e Ingeniería para la Información	41843144
Paragua Macuri, Melissa Gabriela	MC en Oftalmología UNMSM	45447117

6. PRESUPUESTO PARA LA INVESTIGACIÓN

RUBROS	MONTO S/.
Materiales directos para la investigación	2000,00
Servicios relacionados a la investigación	3000,00
Gastos indirectos relacionados a la investigación	2000,00
Gastos de Patente e imprevistos	4000,00
TOTAL	11 000,00

7.   REFERENCIAS BIBLIOGRÁFICAS

Paragua, M. & et al, (2008). Investigación Educativa. JTP Editores E. I. R. L. Huánuco. Perú.

Paragua, M. (2012). Investigación Científica Aplicada a la Educación Ambiental con Análisis Estadístico. Editorial: Sociedad Geográfica de Lima. Primera Edición. Ibegraf. Lima.

Paragua, M. (2014). Investigación Científica. Educación Ambiental con Análisis Estadístico. Editorial Académica Española.

Zumbado, M. (2012). Ejercicios y juegos para desarrollar el cálculo mental. Universidad Nacional. Liberia. Costa Rica.

Printed by Books on Demand GmbH, Norderstedt / Germany